Lionel ELLA

Políticas de desenvolvimento local e de cooperação

Lionel ELLA

Políticas de desenvolvimento local e de cooperação

nas comunas dos Camarões face a uma descentralização acrescida

ScienciaScripts

Imprint

Cover image: www.ingimage.com

This book is a translation from the original published under ISBN 978-620-6-71341-8.

Publisher:
Sciencia Scripts
is a trademark of
Dodo Books Indian Ocean Ltd. and OmniScriptum S.R.L publishing group

120 High Road, East Finchley, London, N2 9ED, United Kingdom
Str. Armeneasca 28/1, office 1, Chisinau MD-2012, Republic of Moldova, Europe
Printed at: see last page
ISBN: 978-620-7-72757-5

Políticas de desenvolvimento local e de cooperação nos municípios camaroneses testadas pelo reforço da descentralização

Por

Lionel ELLA

2024

DEDICAÇÃO

A

A minha falecida mãe

AGRADECIMENTOS

Os nossos sinceros agradecimentos vão para :

- Dr. Landry Ngono TSIMI pela sua orientação e conselhos inestimáveis;
- Professor Paul Elvic Batchom, pela sua disponibilidade;
- Os nossos pais, o Sr. e a Sra. ANDJONGO, que sempre nos deram o seu amor e carinho;
- os nossos pais Sr. e Sra. ESSISSIMA pela liderança
- O Sr. Yannick Martial AYISSI ELOUNDOU, Presidente da Câmara Municipal de Yaoundé II, por nos ter permitido realizar este trabalho de investigação na sua prestigiada comunidade;
- A Sra. RAISSA BETODEN, Chefe do Departamento de Cooperação e Desenvolvimento Local do Conselho Distrital de Yaoundé II, pelo seu acolhimento profissional e maternal.
- Sr. OTTOU, Chefe do Departamento de Assuntos Jurídicos do Conselho Distrital de Yaoundé II, pelo seu inestimável encorajamento;
- A Sra. Salomé BERA, chefe do departamento técnico da Comuna de Yaoundé II, pela sua simpatia e encorajamento;
- todo o pessoal docente do IRIC e do 9º ano do mestrado CA2D, pelas competências e motivação transmitidas
- todos os estudantes da 9ª promoção do Mestrado CA2D do Instituto de Relações Internacionais dos Camarões pelos momentos preciosos e inesquecíveis passados juntos durante dois anos;
- aos meus irmãos e irmãs Fabrice, Ivan, Carole, Bertrand, Dylan, Junior, Evrard, Gustave e Eric, pelo seu encorajamento e apoio inabalável
- os meus amigos Philémon, Jordan, Auréole, Yoann, Fanny, Nancy, Fabrice, Freddy, Achille, Renaud, Cédric

RESUMO

De um ponto de vista geral, a descentralização refere-se à transferência de competências e de recursos da administração central para as entidades locais ou descentralizadas. Enquanto tal, tem em conta um sistema de organização e de gestão administrativa pelo qual o Estado confere a outras entidades territoriais, legalmente consagradas na Constituição, personalidade jurídica e autonomia financeira e de gestão. Mas para além da escolha de uma forma particular, que depende de factores geográficos, históricos e políticos, a implementação da descentralização tem pelo menos três vantagens: contribui para uma ação pública mais eficaz, reforça o desenvolvimento local e melhora a equidade através de uma melhor distribuição dos recursos. O objetivo do presente estudo é, portanto, compreender em que medida a descentralização pode ser um veículo de desenvolvimento local, utilizando a Comuna do Distrito de Yaoundé II como estudo de caso.

Palavra-chave : Descentralização - Desenvolvimento local - Comuna

INTRODUÇÃO GERAL

I. CONSTRUÇÃO DO OBJECTO DE ESTUDO E JUSTIFICAÇÃO DO TEMA

Desde o século XIX, os Estados-nação são considerados os principais actores das relações internacionais. [1]O século XX assistiu ao aparecimento de novas instituições de âmbito internacional. Entre elas, a Liga das Nações, depois as Nações Unidas, a UNESCO e a Comunidade Europeia, bem como toda uma série de organizações internacionais intergovernamentais, organizações não governamentais (ONG) e empresas transnacionais. [2]Sabemos hoje que, embora o século XX tenha sido o tempo do poder dos Estados-Nação, esse poder está enfraquecido há algumas décadas pelos processos de globalização, regionalização e descentralização que afectam a maioria dos Estados. As colectividades locais e regionais tornaram-se, assim, actores de pleno direito na cena internacional. A diversidade das suas actividades é notável: cooperação descentralizada, geminações, programas europeus, iniciativas de desenvolvimento económico, cooperação académica, ajuda humanitária, advocacia, etc.

Esta ação internacional das colectividades locais pode ser incentivada pela incapacidade do poder central de satisfazer os interesses das colectividades locais a nível nacional e internacional. Pode também ser motivada pelas especificidades políticas, culturais e económicas de cada coletividade local. Este fenómeno está a ganhar dimensão e reconhecimento.

---

[1]Dario BATTISTELLA, Franck PETITEVILLE e Pascal VENNESSON , *Dictionnaire des relations internationales*, 3.ª edição, Dalloz, 2012, p. 7

[2] Ibid.

Quanto ao termo "desenvolvimento local", surgiu pela primeira vez em França em 1965, promovido por alguns pioneiros e sem qualquer apoio dos poderes públicos. [3]Trata-se de um conceito enraizado na ideologia do Terceiro Mundo do final dos anos 60, antes da descentralização estar claramente estabelecida na maioria dos países ocidentais. O conceito teve início nos anos 70 nas zonas rurais. [4]Foi depois exportado para os países em vias de desenvolvimento com os programas de ajustamento estrutural, na medida em que as políticas de ajuda promovidas pelos doadores aos países do Sul se orientavam para os territórios locais.

[5]Assim, os Camarões iniciaram este processo desde que adoptaram a descentralização como modo de administração territorial através da Constituição de 18 de janeiro de 1996. No entanto, nos Camarões, como na maioria dos países africanos francófonos, a história da descentralização é muito complexa. [6]Começou com a colonização e prolongouse até ao período póscolonial. [7]Durante estes dois períodos, a comuna africana, e a dos Camarões em particular, nasce do distrito administrativo criado pelo colonizador para as necessidades de gestão territorial, cujos contornos geográficos segue. [8]Apesar da complexidade das considerações sócio-históricas, as origens da descentralização e, mais concretamente, do

[3] George GONTCHAROFF, Le développement local : petite généalogie historique et conceptuelle, in *Territoires*, Octobres 2002, p. 1-3.

[4] Bernard HUSSON, le développement local, in *Agridoc n°1*, disponível em: www.resacoop.org

[5] O preâmbulo da referida Constituição postula que os Camarões são um Estado unitário descentralizado, marcando assim uma importante revolução institucional e normativa a nível do Estado.

[6] Landry Ngono TSIMI, *L'autonomie administrative et financière des collectivités territoriales et décentralisées : l'exemple du Cameroun*, tese de doutoramento defendida na Universidade de Paris-Est, 2010, p. 32.

[7]*Ibid.*

[8]*Ibid*, p. 33

movimento comunal nos Camarões, remontam a 1916, período marcado pela administração colonial alemã: nessa data, a Alemanha, grande derrotada da Primeira Guerra Mundial, foi obrigada a abandonar as suas possessões coloniais, que passaram a ser administradas pela Sociedade das Nações, em conformidade com o Tratado de Versalhes de 28 de junho de 1919. O Tratado de Versalhes, de 28 de junho de 1919, conferiu às potências britânica e francesa o mandato de administrar os Camarões. O movimento comunal foi assim marcado pela influência destas duas potências. [9]Com efeito, enquanto a potência britânica implementou o sistema de governo indireto, a administração colonial francesa implementou a administração direta. [10]Assim, em 1944, havia mais de trinta comunas nos Camarões Ocidentais; este número aumentou para 28 em 1967, depois para 24 novamente em 1967, depois para 24 em 1969, número que se manteve inalterado até à adoção da Constituição de 1972 e da lei sobre a organização das comunas na República Unida dos Camarões, de 5 de dezembro de 1974. [11]No Leste dos Camarões, as primeiras comunas foram criadas pelo decreto de 25 de junho de 1941, emitido pelo governador francês dos Camarões, que instituiu as comunas mistas de Douala e Yaoundé nas duas maiores zonas urbanas do país. Após a Segunda Guerra Mundial, um decreto de 21 de agosto de 1952 criou as comunas rurais mistas e alargou-as a todas as subdivisões do país. [12]Três anos mais tarde, a lei francesa n.º 55-1489, de 18 de novembro de 1955, relativa à reorganização municipal nos países da África Negra, com exceção do Senegal, introduziu as comunas de pleno direito e as comunas médias. Em 1967, a lei de 1 de março criou as primeiras variantes do "sistema especial" no seio das comunas de pleno exercício, nas grandes

[9] *Ibid.*
[10] Landry Ngono TSIMI, *Ibid, p.* 36
[11] *Ibid.*
[12] *Ibid.*

cidades de Douala, Yaoundé e Nkongsamba. [13]Estas comunas tornar-se-ão mais tarde comunidades urbanas, dirigidas por delegados governamentais nomeados pelo Presidente da República. [14]No início da reunificação, os Camarões tinham 339 comunas sob a égide da Lei Comunal de 5 de dezembro de 1974. A Lei Constitucional de 18 de janeiro de 1996 restabeleceu as Regiões segundo o modelo das províncias pré-existentes, pelo que existem atualmente nos Camarões cerca de 384 colectividades territoriais descentralizadas, na sequência da aplicação das disposições das leis de descentralização de 22 de julho de 2004 e dos numerosos arrondissements que foram criados. Para além destas considerações históricas, vale a pena mencionar neste ponto que, em termos de legislação, a descentralização nos Camarões é agora regida pelo Código Geral das Autoridades Territoriais adotado em 24 de dezembro de 2019. A nível institucional, o controlo do Estado sobre o processo de descentralização é atualmente assegurado pelo Ministério da Descentralização e do Desenvolvimento Local, criado pelo Decreto n.º 2018/449 de 1 de agosto de 2018, que sucedeu ao Ministério da Administração Territorial e da Descentralização.

Na sequência do que precede, entendemos que os actuais contextos jurídicos e sociopolíticos, marcados por uma descentralização crescente, levam as colectividades locais a tornarem-se actores principais do desenvolvimento local e da cooperação internacional. É com vista a pôr esta lógica à prova da realidade que pretendemos, nesta investigação, destacar a ação pública da Comuna de Yaoundé II. Para o efeito, o nosso trabalho intitula-se: ***"As políticas de desenvolvimento local e de***

[13]*Ibid.*
[14]*Ibid.*

cooperação nas comunas dos Camarões postas à prova pelo reforço da descentralização".

II. CLARIFICAÇÕES CONCEPTUAIS

[15]A importância da concetualização levou Herbert BLUMER a afirmar que não pode haver ciência sem conceitos. Na mesma linha, Madeleine GRAWITZ afirma que o conceito deve ser rigorosamente definido. Para ela, "*é uma representação mental universal e abstrata, obtida através da retenção dos aspectos essenciais do objeto.* [16]*A definição é a delimitação, pelas suas características, do domínio de investigação*" . [17]Estes conceitos devem ser definidos de acordo com o caso em estudo. Para construir um projeto de investigação sólido, é portanto essencial definir os conceitos-chave do nosso objeto de estudo. É necessário definir: *"política pública"; "desenvolvimento local"*; *"cooperação"*; *"município"; "descentralização"*.

A. Política pública

[18]Segundo Pierre MULLER, a emergência das políticas públicas foi favorecida pelo fim da ordem feudal e pela emergência do Estado na Europa entre os séculos XVII e XVIII.

---

[15]Herbert BLUMER, citado por Howard BECKER em *Les ficelles du métier*, Paris, Guides Repères, La Découverte, 2002, p.180.

[16]Madeleine GRAWITZ, *Méthodes des sciences sociales*, Paris, 11ª edição, Dalloz, 2001, p.53.

[17] Howard Becker, *op. cit*, p.198.

[18]Afirma: *"Do ponto de vista que nos interessa aqui, a saber, a emergência das políticas públicas, dois desenvolvimentos fundamentais devem ser destacados. O primeiro é a monopolização pelo rei de um certo número de poderes relativos à fiscalidade, à moeda, à polícia e à guerra. Estas funções régias constituiriam a base do Estado moderno, permitindo ao rei afirmar-se contra os senhores feudais. A segunda evolução é menos visível, mas igualmente importante. Seguindo os passos de Michel Foucault, trata-se do desenvolvimento do chamado saber governamental, ou seja, de todas as "tecnologias" que permitem ao Estado governar os territórios e as populações. Esta "governamentalização" modificou a*

[19]A primeira definição de política pública como disciplina foi dada por Harold LASSWELL em 1936. Para ele, tratava-se de uma ciência normativa, destinada a determinar quais os problemas que deviam ser tratados prioritariamente pelas autoridades políticas e administrativas: era a chamada "policy *science"*. Mas muito antes disso, no século XVIII, a Alemanha já tinha assistido ao desenvolvimento das *"ciências camerais", que se ocupavam* do estudo da estrutura colegial da administração. No século XIX, estes conhecimentos foram estruturados e transformaram-se em *ciências administrativas*, com o objetivo de descrever a administração e melhorar as práticas administrativas (o Estado deve alcançar o bem-estar da sociedade e deve dotar-se dos meios adequados para o fazer). No final do século XIX, a ciência administrativa declina a favor do direito administrativo: o conhecimento da administração torna-se jurídico e gira em torno da jurisprudência. A sociologia também se desenvolveu e o Estado tornou-se um objeto de análise. A política pública começou a ser desenvolvida nos Estados Unidos da América no início do século XX, porque o Estado federal era criticado e os seus poderes tinham aumentado consideravelmente. Daí a necessidade de análise e de conhecimento com o objetivo de uma boa administração, ou seja, uma administração eficiente (adaptada à resolução dos problemas sociais) e reactiva (centrada no bem-estar dos cidadãos). Este facto levou ao desenvolvimento de uma disciplina denominada *"Administração Pública"*, sob a influência de Woodrow Wilson.

---

relação entre o poder e a sociedade porque, a partir de então, o Estado reconheceu a sua legitimidade através da sua capacidade de produzir a ordem pela aplicação de conhecimentos (como as estatísticas, por exemplo) e de medidas eficazes (luta contra as epidemias, organização do comércio, etc.) "Pierre MULLER, "L'analyse cognitive des politiques publiques : vers une sociologie politique de l'action publique", in *Revue française de science politique*, 50e année, n°2, 2000, pp. 189-208.

[19]Harold LASSWELL, *Who gets what, when and how*, Cleveland (Ohio), Meridian Books, 1936.

Para definir o conceito de "*política pública*" nos dias de hoje, *é* necessário, em primeiro lugar, remontar ao conceito básico de "*política*". Da sua tradução para o inglês surgiram três termos com significados distintos: "*polity*", "*politics*" *e* "*policy*". Enquanto o primeiro termo tem a sua origem etimológica na palavra grega "*polies*" e refere-se à organização política da sociedade, o segundo, traduzido grosseiramente para francês como "*politique*", refere-se à competição entre os participantes no jogo político para aceder ao exercício legítimo do poder. Por fim, o terceiro termo tem o equivalente francês de "*une politique*", *ou* seja, *o conjunto de medidas tomadas pelas autoridades políticas para resolver problemas inerentes a domínios específicos da vida social.* [20]Paquin defende que a política pública está intimamente ligada a estes três conceitos: representa um vasto leque de *políticas que* só são possíveis através da *política* e que permitem a organização política da sociedade *(polity)* .

[21] R ichard ROSE define a política pública como: "*uma combinação específica de leis, dotações, administrações e pessoal orientada para um conjunto de objectivos mais ou menos claramente definidos*". Thomas DYE, por seu lado, afirma que a política pública se refere ao que o Estado decide fazer ou não fazer.

[20]Stéphane PAQUIN, Luc BERNIER e Guy LACHAPELLE (eds.*)*, *L'analyse des politiques publiques*, Les Presses de l'Université de Montréal, 2010, p. 8.

[21] Citado por Daniel KLÜBER e Jacques de MAILLARD em *Analyser les politiques publiques*, Coleção Politique en plus, Presses universitaires de Grenoble, p. 8.

[22]Este conceito também se refere às intervenções de uma autoridade investida de poder público e de legitimidade governamental numa área específica da sociedade ou do território.
As intervenções podem assumir três formas principais: as políticas públicas transmitem conteúdos, traduzem-se em serviços e geram efeitos. Mobilizam actividades e processos de trabalho. São implementadas através de relações com outros actores sociais, sejam eles colectivos ou individuais.
[23]A política pública é tudo o que os actores governamentais decidem fazer ou não fazer, o que efetivamente fazem ou não fazem. Embora seja relativamente fácil enumerar as suas acções, é muito menos fácil identificar as suas "não-acções": o que se recusam a fazer ou evitam fazer. Muitas vezes é difícil identificar um programa imediatamente e na sua totalidade. Quando uma política é proclamada num sector, as leis e os recursos traçam frequentemente um perímetro incompleto de recursos e dificilmente especificam as condições para a sua aplicação concreta.

[24]Uma política pública assume a forma de um programa específico implementado por uma autoridade governamental. Esta autoridade actua de duas maneiras: através de práticas materialmente identificáveis (controlos, construção e manutenção de infra-estruturas, atribuição de subsídios financeiros, dispensa de cuidados, etc.) e através de práticas imateriais (campanhas de comunicação institucional, discursos, propagação de normas e quadros cognitivos).

---

[22]Madeleine GRAWITZ, Jean LECA e Jean Claude THOENIG, *Les Politiques publiques*, Tome 4, Paris, PUF, 1985
[23] Yves MENY e Jean-Claude THOENIG, *Politiques publiques*, Paris, PUF, 1989
[24] Pierre MULLER, *Les Politiques publiques*, Paris, PUF, Coll. "Que sais-je", 2009, 8.ª ed.

Todas as políticas públicas transmitem, implícita ou explicitamente, uma segmentação de públicos. Tem como alvo indivíduos. [25]Postula causalidades entre acções e resultados.

Para além da competição pelo poder, a análise das políticas públicas põe em evidência a face muitas vezes escondida do trabalho governamental. [26]Este trabalho envolve várias fases, incluindo a definição de uma agenda, a tomada ou não em consideração das exigências ou interesses expressos pela sociedade, a elaboração de programas de ação e a formulação e legitimação de soluções para problemas que se tornaram públicos.

De um ponto de vista sociológico, a ação pública refere-se ao conjunto programado de objectivos, valores e práticas que são construídos no centro das interacções sociais e não no topo do Estado, e que são, portanto, fragmentados, complexos e flexíveis. Esta é a definição que utilizaremos ao longo deste trabalho.

B. Desenvolvimento local

Em França, o conceito de desenvolvimento local surgiu nos anos 70 nas zonas rurais: *"nasceu como reação aos riscos de desertificação económica, demográfica e social das regiões desfavorecidas pelas mutações económicas e pelo desenvolvimento dos centros industriais e urbanos. [27]Com efeito, foi nestas regiões que os actores locais sentiram pela primeira vez a necessidade de definir*

---

[25]Jean-Claude THOENIG, *Ibid.*

[26] Charles O. JONES, *An introduction to the study of public policy*, Belmont (Califórnia), Duxbury Press, 1970

[27] Yves Auton, "Etudes internet et développement local, première partie : le développement local", 2000, disponível em www.admiroutes.asso.fr.

uma forma de desenvolvimento diferente da do crescimento económico ou do desenvolvimento planificado".

No que diz respeito aos países em desenvolvimento, durante o período de ajustamento estrutural, os doadores, com base na experiência das economias ocidentais em matéria de desenvolvimento local, procuraram ligar a lógica dos Estados à do mercado e dos territórios. Por outras palavras, as políticas de ajuda dos doadores para o desenvolvimento dos países do Sul, tal como as políticas públicas de desenvolvimento, deviam centrar-se nos territórios.

O objetivo desta reorientação, que teve lugar nos anos 80, era permitir que as diferentes políticas de desenvolvimento se baseassem na vontade local. [28]Pouco a pouco, passámos de *"uma visão de um território "passivo", dependente da boa vontade de centros de decisão externos, para um território entendido como capaz de gerar a sua própria dinâmica de desenvolvimento, tirando partido da sua capacidade de iniciativa e de organização".*

Para Bernard HUSSON, o desenvolvimento local é, portanto, um processo de decisão que permite a uma grande parte da população participar na orientação estratégica do território com vista à satisfação das suas necessidades. Segundo Bernard Husson, este tipo de desenvolvimento não se opõe ao que é efectuado pelo Estado. No entanto, o novo interesse pelo desenvolvimento local e, por conseguinte, pela descentralização, mostra que estes processos

---

[28] Bernard Husson, *op. cit.*

são muito semelhantes. No entanto, trata-se de dois processos distintos, daí a necessidade de clarificar a diferença entre desenvolvimento local e desenvolvimento coletivo.

Bernard Husson considera que o desenvolvimento local se centra nos actores e não nas infra-estruturas, nas redes e não nas instituições, a fim de dar às pessoas e aos grupos o poder de decisão sobre as suas acções. O desenvolvimento comunal, por outro lado, é implementado pelas comunas, que são organizações com legitimidade institucional que operam num território definido e dentro de uma área de responsabilidade legalmente definida. [29]As decisões que tomam são vinculativas para todos.

Acrescenta ainda, e isto é fundamental, que *"a não consideração da diferença entre desenvolvimento local e desenvolvimento coletivo corre o risco de concentrar os apoios nas colectividades locais emergentes e de marginalizar programas interessantes realizados por organizações e particulares".*[30]

Para efeitos do presente trabalho, adoptaremos a definição de Bernard Husson, que considera o desenvolvimento local como um processo de tomada de decisão que permite associar uma grande parte da população à orientação estratégica do território com vista a satisfazer as suas necessidades.

C. Cooperação

[29] Bernard HUSSON, "La coopération Décentralisée: légitimer un espace publique local au Sud et à l'Est", 2000, disponível em www.capcoopération.org, data da última consulta 13 de junho de 2020.
[30]*Ibid.*

A cooperação - o seu aparecimento, duração, objetivo, métodos e limites - é uma questão importante nas relações internacionais e o tema central de muitos debates teóricos, metodológicos e empíricos. A cooperação é essencial para preservar a paz, facilitar as trocas económicas ou diplomáticas ou assegurar a continuidade de uma determinada ordem internacional. [31][32]Inspiradas na teoria dos jogos e nas principais tradições de investigação no estudo das relações internacionais (nomeadamente o realismo, o liberalismo e o construtivismo), várias teorias propõem modelos que permitem compreender melhor a lógica da cooperação (e do conflito). [33]Em geral, os analistas e profissionais realistas consideram que as perspectivas de cooperação são escassas e frágeis e que o direito e as instituições internacionais não as podem promover. [34]As diferentes variantes das concepções liberais (funcionalismo, integração regional, neo-institucionalismo liberal) rejeitam este ponto de vista e consideram, pelo contrário, que a cooperação é possível de muitas formas e, em particular, que as instituições internacionais a favorecem . A questão que se coloca é, então, a de saber quais os factores que estão na origem da adoção de comportamentos cooperativos.

[35]Segundo Robert AXELROD, o primeiro processo diz respeito às formas de convergência dos interesses comuns dos actores e está

[31] Jervis SCOTT, Realism, game theories and cooperation, inWorlds *Politics*, XL (3), 1988, p. 317-349
[32] Dario BATISTELLA, Frank PETITEVILLE e Pascal VENNESSON, *op. cit.*, p. 78.
[33]Jervis SCOTT, *Realism, Neoliberalism and cooperation understanding the debate in International Security,* 24(1), 1999, p. 42 - 63
[34]Jervis SCOTT, Ibid.
[35ère] R obert AXELROD, *Donnant donnant, Théorie du comportement*, Paris, O. Jacob, 1 edição, 1992, p. 50

relacionado com os benefícios que os Estados retiram das suas políticas cooperativas ou não cooperativas. São os benefícios e as penalizações associadas às situações identificadas pelo dilema do prisioneiro: cooperação mútua, cooperação de um Estado e deserção de outro ou deserção mútua. [36]Segundo AXELROD, nas relações internacionais, a confiança, a lealdade e o altruísmo não são dispensáveis para a cooperação. A durabilidade das relações, a repetição de interacções estratégicas entre os actores envolvidos, pode ser suficiente para assegurar formas de cooperação. [37]O segundo processo diz respeito ao número de actores e à sua influência na forma como o jogo é jogado, em particular a hegemonia de um ator que impõe as suas regras. Por último, o terceiro processo diz respeito aos mecanismos institucionais, ou seja, às características da interação estratégica, do "jogo internacional", num dado momento, que influenciam a propensão dos jogadores para cooperarem. [38]As instituições podem, por exemplo, promover a transparência e permitir aos actores identificar os que cooperaram ou os que desertaram no passado.

Numa perspetiva construtivista, o sentimento de pertença comum, o respeito mútuo, as identidades semelhantes e a aquisição de uma reputação de fiabilidade contribuem para a cooperação e a sua institucionalização. [39]Além disso, os factores transnacionais podem desempenhar um papel importante na criação de uma "comunidade de segurança" que garanta o desenvolvimento da confiança para

---

[36] Robert AXELROD, *Ibid*, p. 37.
[37]Robert AXELROD, *Ibid*.
[38]Robert AXELROD, *Ibid*.
[39] Karl DEUTSCH, *Seminário sobre "A comunidade política e o Atlântico Norte: a organização internacional à luz da experiência histórica"*, 1957.

além de um acordo mínimo: a recusa de recorrer à força para resolver litígios. [40]Nesta perspetiva, o constrangimento externo é menos importante do que o sentimento coletivo que cria uma comunidade pluralista, da qual a Organização do Tratado do Atlântico Norte, por exemplo, seria a emanação. [41]As identidades transnacionais podem, portanto, contribuir para a criação de uma comunidade, mesmo num contexto de anarquia internacional .

Por último, o terceiro debate sobre a cooperação nas relações internacionais diz respeito ao papel das instituições. Que influência têm as instituições e os regimes internacionais na cooperação? [42]Na perspetiva do institucionalismo neoliberal, as instituições estabilizam as questões, promovem a transparência, tornam o futuro mais previsível e permitem assim que os Estados cooperem. As instituições e os regimes reduzem as incertezas inerentes à avaliação das preferências e das escolhas políticas dos potenciais parceiros. [43]Estas instituições facilitam um intercâmbio sustentável de informações que clarifica as intenções através de procedimentos de consulta. Em suma, os custos de transação são reduzidos. [44]Estes benefícios institucionais são tanto mais importantes quanto as questões de segurança são tanto militares como económicas ou ambientais e que uma ação colectiva eficaz a nível internacional deve reunir uma grande variedade de intervenientes com naturezas, capacidades e interesses diferentes. Este processo é particularmente significativo quando se trata de alianças. Num

[40]Dario BATISTELLA, Frank PETITEVILLE e Pascal VENNESSON, *Ibid*, p. 82.

[41] Bruce CRONIN, *Community under anarchy. Transnational identity and the evolution of cooperation*, Nova Iorque, Columbia University Press, 1999.

[42]Dario BATISTELLA, Frank PETITEVILLE e Pascal VENNESSON, *Ibid*, p. 83

[43]*Ibid.*

[44]*Ibid.*

domínio tão sensível como o da segurança, por exemplo, o investimento político inicial é pesado e os intervenientes quererão preservar o quadro que criaram. [45]Uma instituição como a Organização do Tratado do Atlântico Norte, por exemplo, continuará a existir porque o custo da sua extinção será superior ao custo da sua adaptação. [46]Para os realistas, pelo contrário, a institucionalização da cooperação não altera em nada o comportamento dos Estados, que responde à lógica dos seus interesses e do seu poder. [47]Reconhecem a sua importância como instrumento da ação externa dos Estados, mas sublinham que estão ainda mais presentes quando a cooperação já é elevada: os Estados criam instituições se quiserem atingir os objectivos que essas instituições os ajudarão a alcançar . As instituições e os regimes não são, portanto, causas, mas efeitos. Em última análise, a cooperação continua a ser um dos enigmas mais importantes e estimulantes das relações internacionais. Para efeitos da nossa investigação, adoptaremos o entendimento realista do conceito de cooperação, ou seja, um processo político através do qual os Estados reúnem os recursos institucionais necessários para atingir os seus objectivos.

D. Município

De acordo com EsohElame, a comuna é uma pequena porção delimitada do território de um país. É uma divisão territorial que pode corresponder a uma cidade com as suas aldeias, ou a um grupo

---

[45]*Ibid.*
[46]*Ibid.*
[47]*Ibid.*

de aldeias. [48]Em termos formais, especialmente em vários países ocidentais, é a mais pequena subdivisão administrativa .

E. Descentralização

Trata-se de uma técnica de gestão administrativa e política através da qual o Estado cria entidades infra-estatais, para as quais transfere os poderes e os recursos necessários ao seu desenvolvimento. A descentralização pode assumir várias formas (técnica e territorial). No âmbito do presente estudo, centrar-nos-emos na descentralização territorial. De acordo com o artigo 2º da Lei-Quadro da Descentralização, esta consiste numa "transferência do Estado para as autarquias locais de competências específicas e de recursos adequados". O objetivo da descentralização territorial é, portanto, aproximar a decisão da ação, tornando a população mais responsável pelo seu ambiente.

Segundo George LUTZ e Wolf LINDER, é evidente que, para que a descentralização seja bem sucedida, não basta simplesmente criar boas instituições políticas. É igualmente essencial melhorar a governação global a nível local. Isto significa uma participação efectiva das populações locais e a sua inclusão nos processos de tomada de decisão. [49]A inclusão efectiva de todas as partes interessadas a nível local é crucial para o êxito do desenvolvimento local.

III. DELIMITAÇÃO DO OBJECTO

[48]Esoh ELAME, *Curso de Engenharia e Políticas de Cooperação Descentralizada*, IRIC, 2020.

[49] George LUTZ e Wolf LINDER, *Traditional structures in local governance for local development*, Universidade de Berna, Instituto de Ciência Política, Suíça, 2004.

[50]Michel BEAUD, aconselha-nos a limitar o estudo dando-lhe um campo de definição. Esta abordagem permite-nos assegurar a viabilidade da investigação. É nesta ótica que procedemos à definição dos limites espaciais (A) e temporais (B) do nosso campo de investigação.

A. DELIMITAÇÃO ESPACIAL

A delimitação espacial do nosso objeto de estudo será limitada à cidade de Yaoundé e, mais precisamente, ao seu segundo arrondissement, a área de jurisdição da Comuna que é objeto da nossa investigação.

B. DELIMITAÇÃO TEMPORAL

O nosso horizonte temporal vai de 2004, ano em que foram elaboradas as primeiras leis de descentralização nos Camarões, até 2019.

IV. INTERESSE DA INVESTIGAÇÃO

[51]Gaston BACHELARD afirma que "*o espírito científico é essencialmente uma retificação do saber, um alargamento dos quadros do conhecimento*". Toda a investigação deve, portanto, contribuir para o progresso da ciência, e esta contribuição é geralmente formulada em termos de interesse. Uma vez que esta investigação se inscreve

---

[50]Michel BEAUD, *L'art de la thèse*, Paris, La Découverte, edição revista, 2006 p. 27.

[51]Gaston BACHELARD, *Le nouvel esprit scientifique*, Paris, Les Presses universitaires de France, 10ª edição, 1968, p. 131.

plenamente nesta lógica, o seu interesse é simultaneamente científico (A) e prático (B).

A. INTERESSE HEURÍSTICO

[52]Para Lawrence OLIVIER, Guy BEDARD e Julie FERRON, o interesse e a pertinência da investigação são sobretudo teóricos. Deste ponto de vista, a particularidade deste trabalho reside, antes de mais, na abordagem interdisciplinar em que se inscreve. Com efeito, ao mesmo tempo que sublinha como a descentralização e o desenvolvimento local se estão a tornar questões de cooperação internacional, apoia-se num corpo teórico específico da análise das políticas públicas, permitindo destacar a sua conceção e implementação a nível local.

B. INTERESSE PRÁTICO

[53]BOURDIEU postula que "*é possível agir sobre o mundo social intervindo no conhecimento que os agentes têm dele*". Nesta linha de pensamento, esta investigação, ao mesmo tempo que diagnostica o nível de apropriação e de implementação dos conceitos de descentralização e de desenvolvimento local nos Camarões, interroga-se sobre a eficácia das instituições responsáveis por estas tarefas. Esta investigação visa também dar uma modesta contribuição aos decisores para melhorar ou reorientar estas diferentes políticas locais. Com efeito, na medida em que as colectividades locais ou comunidades

---

[52]Laurence OLIVIER, Guy BEDARD e Julie FERRON, *L'élaboration d'une problématique de recherche: sources, outils et méthodes*. L'Harmattan, Logique sociale, 2005, p. 28.

[53] Pierre BOURDIEU, *Propos sur le champ politique*, Presse Universitaire de Lyon, Lyon, 2000, p. 17

territoriais descentralizadas são hoje consideradas como a base de todo o desenvolvimento a nível nacional, esta investigação pretende ser um apelo ao reforço das colectividades locais pelo Estado no processo de desenvolvimento local.

Uma vez esclarecidos os contributos científicos e práticos da nossa investigação, é necessário rever a literatura relevante e levantar os aspectos problemáticos.

V. REVISÃO DA LITERATURA

[54]Para OLIVIER, BEDARD e FERRON, o objetivo central da revisão da literatura é problematizar o que foi dito na literatura existente. A procura de trabalhos relacionados com o nosso objeto de estudo levou-nos a selecionar os documentos mais relevantes da abundante literatura.

[55]Nesta secção, começamos com o trabalho de Santiago BETANCUR RAMIREZ .O autor examina os factores que levaram à emergência das colectividades locais como actores na cena internacional, interrogando-se sobre a evolução desta tendência ao longo do tempo e sobre as questões de governação num espaço em que intervêm entidades de diferentes níveis (colectividades locais, Estados, organizações supranacionais). Mais concretamente, quais são as características desta prática em França e, em

---

[54]*Cf.* Laurence OLIVIER, Guy BEDARD, Julie FERRON, *op. cit.* p. 75.
[55]Santiago BETANCUR RAMIREZ, *Que papel para os governos locais na cena internacional? L'action internationale des collectivités locales entre la France et l'Amérique latine,* dissertação defendida publicamente para o Mestrado II em Assuntos Públicos, ENA, Paris, 2018, 171p.

particular, nas suas relações com a América Latina? Para responder a estas questões e compreender melhor o fenómeno da ação internacional das colectividades locais descentralizadas, o autor começa por analisar as condições de emergência das colectividades locais na cena internacional. Em seguida, centra-se na forma como estas práticas se desenvolveram e se consolidaram. Para além de examinar os modos de governança multinível que se estabeleceram, o autor transpõe todas estas considerações para o caso francês, onde discute a evolução deste fenómeno e decompõe a ação internacional das autoridades locais francesas na América Latina, estabelecendo um panorama desta dinâmica na região. Por fim, um estudo de caso aborda as relações reticulares entre os governos locais euro-latino-americanos.

[56]Foi então que nos chamou a atenção a pertinência do trabalho de Yannick Félix PEGUI . O autor debruça-se sobre o processo de descentralização nos Camarões e as mudanças que sofreu desde 2000. Para o efeito, explora as diferentes reformas jurídicas e institucionais que conferem novas prerrogativas às colectividades locais descentralizadas. Utilizando a Commune d'Arrondissement de Yaoundé II como quadro de análise, o autor faz a constatação empírica de que a descentralização começa a produzir resultados notáveis que devem ser capitalizados. O autor constata igualmente o importante papel desempenhado pelas instituições de apoio à descentralização e postula que este deve ser encorajado e reforçado com vista a apoiar mais as colectividades territoriais descentralizadas, na medida em que a maior parte delas não dispõe de recursos suficientes para exercer plenamente algumas das

[56] Yannick Félix PEGUI, *Décentralisation et fonctionnement des Communes au Cameroun. Cas de la Commune d'Arrondissement de Yaounde II*, dissertação defendida publicamente para a obtenção do grau de Mestre II em Ciências Económicas, Universidade de Yaoundé II, Yaoundé, 2012,

competências que lhes são transferidas pelo Estado. Recomenda igualmente que o Estado aplique de forma pragmática o princípio da subsidiariedade e crie uma verdadeira função pública local.

[57]Fomos então atraídos pela obra de LANDRY MEPUI ABAH . O autor começa por fazer um diagnóstico frio e intransigente do processo de desenvolvimento em curso nos Camarões. Afirma que a governança descentralizada, que deveria ser o motor do desenvolvimento local, não o faz. Segundo o autor, a engrenagem político-administrativa estagnou, principalmente devido a uma série de problemas aparentemente insolúveis: o não domínio, por parte dos actores envolvidos, dos mecanismos da descentralização e da governança descentralizada, o apoio limitado às colectividades locais, enquanto as leis e os textos em vigor não respondem verdadeiramente às colectividades locais, e a incompreensão, por parte de alguns actores, dos grandes desafios do desenvolvimento local. Como consequência deste estado de coisas, o autor salienta os abusos administrativos e de gestão como a inércia, o laxismo, a corrupção e o desvio de fundos públicos locais, que mantêm as colectividades numa situação precária e comprometem assim a emergência dos Camarões em 2035. No entanto, o autor acredita que é possível que a governança descentralizada seja uma alavanca para alcançar os objectivos de desenvolvimento dos Camarões. Para isso, propõe um roteiro que sublinha o papel primordial do Estado na condução do desenvolvimento, convidando ao mesmo tempo todos os actores implicados na governança descentralizada.

---

[57] Landry MEPUI ABAH, *Dynamiques des politiques décentralisées au Cameroun, Analyse des enjeux et défis sociopolitiques économiques et culturels, L'Harmattan,* Paris, 2012, 115p.

[58]Também nos chamou a atenção o artigo de MURIEL SAME EKOBO e OLIVIER IYEBI MANDJEK . Este artigo tem por objetivo analisar o processo de descentralização nos Camarões adoptando a análise política institucional e transacional da *"governança"*, que funciona como um *"novo modo de coordenação territorial"*. *Ao* fazê-lo, o objetivo é implementar teórica e empiricamente uma geografia política crítica da ação pública territorializada, capaz de *"evidenciar as insuficiências da ação pública no contexto da descentralização"* e sublinhar os obstáculos que pesam sobre *"um processo de (re)legitimação da representação dos diferentes actores públicos e da participação da sociedade civil"*.

[59]De seguida, debruçamo-nos sobre o artigo de GERARD PEKASSA NDAM . O autor faz um balanço crítico do *"lugar da administração"* nas *"políticas de descentralização"* e na *"governança local"*. *Procede* depois a uma leitura jurídico-institucional e jurídico-política que evidencia os limites de uma *"sinergia de acções entre o centro e a periferia"*. Isto permite ao autor mostrar como as políticas de descentralização e de governança local nos Camarões continuam a ser relativistas na sua capacidade de consolidar a participação democrática, o que deixa ainda uma grande parte numa *"posição hegemónica da administração estatal mas marginal na administração local"*.

[60]Chamámos então a nossa atenção para um artigo de MATHIEU *MEBENGA* . O autor interessa-se pelo lugar da *"descentralização financeira"* como *"património comum da nação"*. *É* por esta razão que *a*

---

[58] Muriel SAME EKOBO e Olivier IYEBI MANDJEK, "Gouvernance territoriale et action publique au Cameroun", in *Enjeux*, n°45-46, julho de 2012, p. 9

[59] Gérard PEKASSA NDAM, "La place de l'administration dans les politiques de décentralisation et de la gouvernance locale au Cameroun", in *Enjeux*, n° 45-46, julho de 2012, p. 14

[60] Mathieu MEBENGA, "La fiscalité dans la gouvernance décentralisée au Cameroun", in *Enjeux*, n° 45-46, julho de 2012, p. 17

"fiscalidade", enquanto uma das *"fontes de financiamento da descentralização"*, é objeto de uma análise que consiste em destacar a sua *"função exacta"* no *"contexto da descentralização"*. O autor examina, com razão, *"as relações entre o Estado e as colectividades locais descentralizadas"* e identifica *"a fiscalidade como uma técnica de governação financeira descentralizada"*. O autor questiona igualmente a utilização paradoxal da fiscalidade como "estratégia de desenvolvimento económico".

VI. QUESTÕES

[61]De um modo geral, a problemática é definida como a *"procura ou identificação do que coloca um problema"*. [62]Para CHENIER, refere-se precisamente ao *"conjunto de elementos que constituem um problema, à estrutura de informações cuja inter-relação gera no investigador uma discrepância que provoca um efeito de surpresa ou de interrogação suficientemente estimulante para o motivar a efetuar uma investigação"* . Em suma, pode ser comparada à abordagem ou perspetiva teórica que decidimos adotar para lidar com a questão inicial. [63]Constitui uma etapa fulcral entre a descoberta e a construção. Após a leitura dos documentos abrangidos pela nossa revisão da literatura, apercebemo-nos da complexidade do contexto atual, marcado por uma descentralização crescente. Este contexto leva a que os municípios desempenhem um papel preponderante na adoção de políticas de desenvolvimento local. Assim, compreender a ação pública da Comuna do Arrondissement de Yaoundé II em matéria de

[61]Lawrence OLIVIER, Guy BEDARD, Julie FERRON, *op. cit,* p.24
[62]*Ibid,* p.11.
[63] Raymond QUIVY, Luc Van CAMPENHOUDT, *Manuel de recherche en sciences sociales*, Paris, Dunod, 2.ª ed., 1995, pp. 98-100.

desenvolvimento local e de cooperação internacional leva-nos a colocar algumas questões de fundo, daí a formulação do nosso problema, que se compõe de uma questão principal (A) e de duas questões secundárias (B).

A. QUESTÃO PRINCIPAL

No contexto atual de descentralização acrescida, é possível falar de implementação de políticas de desenvolvimento local e de cooperação internacional no Arrondissement de Yaoundé II?

Para além desta primeira questão, temos de colocar uma série de questões secundárias para compreender melhor os aspectos problemáticos do nosso tema.

B. QUESTÕES SECUNDÁRIAS

Estas duas questões secundárias decorrem da questão central.

Questão secundária 1:

Quais são as características do processo de reforço da descentralização nos Camarões?

Questão secundária 2:

A Commune d'Arrondissement de Yaoundé II dispõe de serviços encarregados (respetivamente) do desenvolvimento local e da cooperação internacional e, em caso afirmativo, quais são as acções empreendidas?

Na sequência destas questões, que constituirão o foco da nossa investigação, propomos hipóteses que orientarão o nosso progresso neste processo heurístico.

VII. HIPÓTESES

Uma hipótese pode ser definida como uma resposta provisória a uma pergunta. [64]Segundo QUIVY e CAMPENHOUDT, deve ser falseável. Serve para estabelecer uma ponte entre a reflexão teórica e o trabalho de verificação. Neste sentido, segundo Gordon Mace, constitui um primeiro passo para a operacionalização, uma vez que concretiza a relação abstrata enunciada no final da formulação do problema, ou seja, transforma os conceitos teóricos da questão específica em conceitos operacionais. Assim, como resposta provisória à questão principal, propomos uma hipótese principal:

A. Pressuposto principal

> Com base em certas acções levadas a cabo por serviços especializados, pode dizer-se que o Conselho Municipal de Yaoundé II está empenhado em reforçar a descentralização através da execução de políticas e acções de desenvolvimento local no âmbito da cooperação internacional.

B. Hipóteses secundárias

---

[64]Raymond QUIVY, Luc Van CAMPENHOUDT, *Ibid.*

Há dois deles.

Hipótese secundária 1:

As dinâmicas relativas ao reforço do processo de descentralização nos Camarões caracterizam-se por uma evolução normativa e institucional do ambiente sócio-político segundo uma lógica cronológica.

Hipótese secundária 2:

A Commune d'Arrondissement de Yaoundé II dispõe de um serviço de cooperação local e de desenvolvimento que, sob o controlo do Presidente da Câmara, executa acções específicas nos domínios da sua competência.

VIII. ENQUADRAMENTO TEÓRICO

Uma teoria é um princípio ou uma regra em que se baseia o conhecimento racional, mas é também um conjunto de princípios que permite explicar e compreender um facto. É o resultado de um processo ordenado de reflexão na sequência da observação de factos segundo um conjunto de hipóteses. Uma teoria é referida ou porque valida os factos ou porque os contradiz. A referência a uma determinada teoria e a forma como esta explica os factos económicos ou sociais devem ser justificadas. Para efeitos da presente investigação, centrar-nos-emos na abordagem cognitiva das políticas públicas (A) e no institucionalismo sociológico (B).

A. A ABORDAGEM COGNITIVA DAS POLÍTICAS PÚBLICAS

A abordagem cognitiva das políticas públicas refere-se a um leque muito vasto de estudos. Na perspetiva aqui desenvolvida, a abordagem cognitiva das políticas públicas não deve ser considerada como uma abordagem baseada em ideias. Como veremos mais adiante, este ponto é objeto de debate entre os diferentes autores. [65]Alguns, como Eve FOUILLEUX, por exemplo, seguindo explicitamente os passos de Péter HALL ( ), privilegiam uma abordagem centrada nas ideias. Esta abordagem parece-nos simultaneamente arriscada do ponto de vista científico. É arriscada porque, apesar de todas as precauções que podemos tomar, é praticamente impossível evitar a armadilha de ficar preso num debate estéril entre ideias e interesses. Pelo contrário, é preciso reafirmar que a abordagem cognitiva das políticas públicas não se opõe a uma abordagem baseada em interesses e instituições, pois considera que os interesses em jogo nas políticas públicas só se expressam através da produção de quadros de interpretação do mundo. [66]Neste sentido, a abordagem aqui proposta é bastante distinta da de EDELMAN , que estabelece a importância dos elementos simbólicos e retóricos na determinação e utilização das políticas, procurando ir além desta constatação, reconhecidamente inquestionável, da natureza simbólica da ação pública. [67]Por outro lado, o conceito de referencial é semelhante ao de paradigma, na medida em que em ambos os casos é possível identificar fases normais, ou seja, períodos em que se estabelece um determinado quadro de interpretação.Por outro lado, o que

---

[65] Peter HALL, Policy Paradigms, Social Learning and the State, *Comparative Politics*, n°25 (3), 1993, p. 275-296

[66] M. EDELMAN, *The Symbolic Uses of Politics*, Urbana, University of Illinois Press, 1976

[67] Para uma abordagem baseada em paradigmas, ver HALL Policy Paradigms. Art cité e Y. SUREL, *Idées intérêts et institutions dans analyse des politiques publiques*, Pouvoirs, 1998, p.87

distingue o paradigma do referencial diz respeito às condições da sua invalidação, enquanto que um paradigma será invalidado in fine através do teste da verificação experimental, o mesmo não acontece obviamente com a invalidação por um referencial que se baseará numa transformação das crenças dos actores em causa. No entanto, a análise cognitiva das políticas públicas também se distingue da sociologia cognitiva, mesmo que adopte muitas das suas realizações, na medida em que não adopta a perspetiva metodológica individualista particularmente defendida na obra de Raymond Boudon. A análise cognitiva das políticas públicas herda uma conceção segundo a qual, mesmo que as matrizes cognitivas sejam efetivamente produzidas pela interação de actores individuais, elas tendem a autonomizar-se em relação ao seu processo de construção e a impor-se aos actores como modelos dominantes de interpretação do mundo. [68]A análise cognitiva das políticas públicas é, portanto, um construtivismo moderado, nem tudo é construído. Este facto sublinha a irredutibilidade da função política em relação aos processos de expressão dos interesses e, de um modo mais geral, aos processos de cognição, tal como podem ser percebidos ao nível dos indivíduos. Feitas estas observações preliminares, podemos dizer que o ponto de partida para a análise cognitiva da política pública é a constatação de que a política pública não serve, ou pelo menos não serve apenas, para resolver problemas. Evidentemente, isso não significa que a política pública não tenha nada a ver com a resolução de problemas públicos, cuja existência é, infelizmente, inegável. O que está em causa é perceber que, ao contrário do que os políticos querem fazer crer e do que alguns analistas de políticas públicas por vezes sugerem, a relação entre a ação pública e os problemas públicos é muito mais complexa do que sugere a ideia comum de que as políticas servem apenas

---

[68] P. BERGER, T. LUCKMANN, *La construction sociale de la réalité*, Paris, Méridiens-Klincksieck, 1986

para resolver problemas. [69]Como demonstrou Jean Leca, o dilema que se coloca hoje ao governo é o de ser *responsivo* (consciente dos problemas e das exigências dos cidadãos), *responsável (*capaz de ser responsabilizado pelas suas acções, o que pressupõe que saiba o que está a fazer e quais são os seus resultados) e *problem-solving* (capaz de resolver problemas).
No âmbito desta investigação, uma análise dos aspectos cognitivos das políticas públicas permitirá apreender as diferentes dinâmicas que conduziram à apropriação do processo de descentralização pelo Estado dos Camarões.

B. NEOINSTITUCIONALISMO SOCIOLÓGICO

Paralelamente a estes desenvolvimentos na ciência política, desenvolveu-se um neo-institucionalismo na sociologia. Tal como outras escolas de pensamento, está repleto de debates internos. No entanto, os seus defensores desenvolveram uma série de teorias que devem ter um interesse considerável para os investigadores da ciência política. O que designamos por institucionalismo sociológico surgiu no contexto da teoria das organizações. Este movimento remonta ao final dos anos 70, quando certos sociólogos começaram a contestar a distinção tradicional entre a esfera do mundo social considerada como reflectindo uma racionalidade abstrata de fins e meios (de tipo burocrático) e as esferas influenciadas por um conjunto variado de práticas associadas à cultura. Desde Max Weber, muitos sociólogos têm visto as estruturas burocráticas que dominam o mundo moderno, seja nos departamentos governamentais, nas empresas,

[69] Jean LECA, La gouvernance de la France sous la Cinquième République Une perspective de sociologie comparative in F. D'ARCY, L. ROUBAN (eds.) *De la Vé République à l'Europe*, Paris, Presses de Sciences Pô, 1996.

nas escolas, nos grupos de interesse, etc., como o produto de um esforço intenso para desenvolver estruturas cada vez mais eficientes para realizar as tarefas formais associadas a essas organizações. [70]Acreditavam que a forma organizacional dessas estruturas era praticamente a mesma devido à racionalidade ou eficiência inerente a essas formas e necessária para cumprir essas tarefas. A cultura era vista por eles como algo completamente diferente. Contra esta tendência, os neo-institucionalistas começaram a argumentar que muitas das formas e procedimentos institucionais utilizados pelas organizações modernas não foram adoptados simplesmente porque eram os mais eficientes em relação às tarefas em questão, como implica a noção de "racionalidade" transcendente. Em vez disso, argumentam, essas formas e procedimentos devem ser vistos como práticas culturais, comparáveis aos mitos e cerimónias desenvolvidos por muitas sociedades, e foram, portanto, incorporados nas organizações, não necessariamente porque aumentavam a sua eficiência abstrata (em termos de fins e meios), mas devido ao mesmo tipo de processo de transmissão que dá origem às práticas culturais em geral. [71]Assim, mesmo a prática aparentemente mais burocrática tinha de ser explicada em termos desta grelha culturalista.

Dada a sua perspetiva, os sociólogos institucionalistas escolhem geralmente uma problemática que procura explicar por que razão as organizações adoptam um determinado conjunto de formas,

[70] Para uma apresentação mais pormenorizada, ver F. DOBBIN, "Cultural Models of Organization. The Social Construction of Rational Organizing Principles", em D. CRANE (ed.), *The Sociology of Culture*, Oxford, Blackwell, 1994, pp. 117-153.

[71] Os primeiros a desenvolverem-se neste domínio foram os sociólogos de Stanford. Cf. J.W. Meyer, B. Rowan, "Institutionalized Organizations. Formal Structure as Myth and Ceremony", *American Journal of Sociology*, 83, 1977, p. 340-363; J.W. MEYER, W.R. Scott, *Organizational Environments. Ritual and Rationality*, Beverly Hills, Sage, 1983. Para uma boa panorâmica, cf. P. DIMAGGIO, W.W. Powell, "Introduction", in W.W. POWELL, P. DIMAGGIO (eds), *The New Institutionalism in Organizational Analysis*, Chicago, University of Chicago Press, 1991, pp. 1-40.

procedimentos ou símbolos institucionais, com ênfase na difusão dessas práticas. Procuram, por exemplo, explicar as semelhanças notáveis, em termos de formas e práticas organizacionais, entre os Ministérios da Educação de todo o mundo, independentemente das diferenças de contexto, ou entre empresas de diferentes sectores industriais, independentemente do produto que produzem. [72]Frank DOBBIN utiliza esta abordagem para mostrar como as concepções culturalmente determinadas do Estado e do mercado condicionaram a política ferroviária em França e nos Estados Unidos no século XIX. John W. MEYER e W. [73]Richard SCOTT utilizam-na para explicar a proliferação de programas de formação nas empresas americanas. [74]Outros aplicam-na para explicar os isomorfismos institucionais no Extremo Oriente e a difusão relativamente fácil das técnicas de produção desta zona em todo o mundo. [75]Neil FLIGSTEIN utiliza-o para explicar a diversificação da indústria americana e Yasemin SOYSAL para explicar a atual política de imigração na Europa e na América. Três características do institucionalismo na sociologia tornam-no um pouco diferente de outras variedades de "neo-institucionalismo". [76]Em primeiro lugar, os teóricos desta escola tendem a definir as instituições de forma muito mais ampla do que os investigadores da ciência política, de modo a incluir não apenas regras, procedimentos ou normas formais, mas também os sistemas de símbolos, esquemas cognitivos e modelos morais que fornecem os "quadros de significado"

---

[72] F. Dobbin, *Forging Industrial Policy*, Cambridge, Cambridge University Press, 1994.

[73] W. R. SCOTT, J.W. MEYER et al, *Institutional Environments and Organizations*, Thousand Oaks, Sage, 1994, capítulos 11 e 12.

[74] M. ORRU et al, "Organizational Isomorphism in East Asia", in W.W. Powell, P. DIMAGGIO (eds), op. cit, pp. 361-389 e R. E. COLE, *Strategies for Industry: Small-Group Activities in American, Japanese and Swedish Industry*, Berkeley, University of California Press, 1989.

[75] N. FLIGSTEIN, *The Transformation of Corporate Control*, Cambridge, Harvard University Press, 1990; Y. SOYSAL, *Limits of Citizenship*, Chicago, University of Chicago Press, 1994.

[76]J. L. CAMPBELL, *"Institutional Analysis and the Role of Ideas in Political Economy"*, comunicação apresentada no Seminário sobre o Estado e o Capitalismo desde 1800, Harvard, 1995, e W.R. SCOTT, *"Institutions and Organizations: Towards a Theoretical Synthesis"*, em W. R. SCOTT, J.W. MEYER et al, Institutional Environments..., op. cit. 55-80.

que orientam a ação humana. Esta posição tem duas consequências importantes.

Em primeiro lugar, quebra a dicotomia concetual entre "instituições" e "cultura", uma vez que as duas noções se interpenetram. [77]Consequentemente, esta abordagem põe em causa a distinção que muitos cientistas políticos gostam de fazer entre "explicações institucionais", que consideram as instituições como as regras ou procedimentos instituídos pelas organizações, e "explicações culturais", que se referem à cultura definida como um conjunto de atitudes, valores e abordagens partilhadas dos problemas. [78]Em segundo lugar, esta abordagem tende a redefinir a "cultura" como sinónimo de "instituições". [79]A este respeito, reflecte uma "viragem cognitivista" na própria sociologia, afastando-se de concepções que associam a cultura a normas, atitudes afectivas e valores, para uma conceção que vê a cultura como uma rede de hábitos, símbolos e guiões que fornecem modelos de comportamento.

Os neo-institucionalistas da sociologia distinguem-se também pela sua forma de encarar a relação entre as instituições e a ação individual, que é uma consequência da "abordagem culturalista" acima descrita, mas que desenvolve algumas nuances particulares. Uma escola mais antiga de análise sociológica resolveu o problema da relação entre as instituições e a ação associando as instituições a "papéis" aos quais estavam associadas "normas de comportamento" prescritivas. De acordo com este ponto de

---

[77] G. ALMOND, S. VERBA, *The Civic Culture*, Boston, Little Brown, 1963 e P. A. HALL, *Governing the Economy*, op. cit. capítulo 1.

[78] Cf. L. ZUCKER, "The Role of Institutionalization in Cultural Persistence", in W.W. POWELL, P. DIMAGGIO (eds), *The New Institutionalism in Organizational Analysis*, op. cit, pp. 83-107; J.W. MEYER et al, "Ontology and Rationalization in the Western Cultural Account", in J.W. MEYER, W. R. SCOTT et al, *Institutional Environments and Organizations*, op. cit.

[79]Cf. A. SWIDLER, "Culture in Action: Symbols and Strategies", *American Sociological Review*, 51, 1986, pp. 273-286 e J. MARCH, J. P. OLSEN, *Rediscovering Institutions*, op. cit. capítulo 3.

vista, os indivíduos que são socializados em determinados papéis interiorizam as normas associadas a esses papéis, e é desta forma que as instituições devem influenciar o comportamento. Podemos referir-nos a este ponto de vista como a "dimensão normativa" do impacto das instituições. Embora alguns continuem a utilizar estas concepções, muitos teóricos insistem agora naquilo a que poderíamos chamar a "dimensão cognitiva" do impacto das instituições. [80]Por outras palavras, salientam a forma como as instituições influenciam o comportamento, fornecendo esquemas cognitivos, categorias e modelos indispensáveis à ação, sendo uma das principais razões o facto de, sem eles, ser impossível interpretar o mundo e o comportamento dos outros actores. As instituições influenciam o comportamento não só especificando o que devemos fazer, mas também o que podemos imaginar fazer num determinado contexto. Neste ponto, podemos ver a influência do construtivismo social no neo-institucionalismo da sociologia. Em muitos casos, é suposto as instituições fornecerem as próprias condições para a atribuição de significado na vida social. Daí resulta que as instituições influenciam não só os cálculos estratégicos dos indivíduos, como defendem os teóricos da escolha racional, mas também as suas preferências mais fundamentais. [81]A identidade e a autoimagem dos actores sociais são, elas próprias, supostamente constituídas com base nas formas, imagens e sinais institucionais fornecidos pela vida social.

Consequentemente, muitos institucionalistas sublinham a natureza altamente interactiva da relação entre as instituições e a ação individual, uma relação em que cada pólo constitui o outro. Quando agem de acordo

---

[80] P. DIMAGGIO, W.W. POWELL, *op. cit.*

[81] P. BERGER, Th. LUCKMANN, *The Social Construction of Reality*, New York, Anchor, 1966 e a sua aplicação mais recente à ciência política por A. WENDT, "The Agent- Structure Problem in International Relations Theory", in International *Organization*, 41(3), Summer 1987, pp. 335-370.

com uma convenção social, os indivíduos constituem-se simultaneamente como actores sociais, ou seja, realizam acções dotadas de significado social e reforçam a convenção a que obedecem. Um corolário fundamental desta perspetiva é a ideia de que a ação está intimamente ligada à interpretação. Assim, os teóricos do institucionalismo sociológico defendem que, quando confrontado com uma situação, o indivíduo tem de encontrar uma forma de a identificar, bem como de reagir a ela, e os guiões ou modelos inerentes ao mundo da instituição fornecem os meios para realizar estas duas tarefas, muitas vezes de forma relativamente simultânea. [82]A relação entre o indivíduo e a instituição baseia-se, portanto, numa espécie de "raciocínio prático" em que, para desenvolver um curso de ação, o indivíduo utiliza os modelos institucionais disponíveis ao mesmo tempo que os molda.

Nada disto sugere que os indivíduos não sejam dotados de intenções ou que sejam irracionais. No entanto, os teóricos do institucionalismo sociológico sublinham que aquilo que um indivíduo tende a considerar como "ação racional" é, em si mesmo, um objeto socialmente constituído, e conceptualizam os objectivos que um ator estabelece para si próprio de acordo com uma grelha muito mais ampla do que outros teóricos. Enquanto os teóricos da escola da escolha racional postulam frequentemente um universo de indivíduos ou organizações que procuram maximizar o seu bem-estar material, os sociólogos descrevem um universo de indivíduos ou organizações que procuram definir ou exprimir a sua identidade de formas socialmente adequadas. Por fim, os neo-institucionalistas da sociologia distinguem-se pela sua abordagem do

[82] P. DIMAGGIO, W.W. POWELL, "Introdução", in P.J. DIMAGGIO, W.W. POWELL. POWELL, *The New Institutionalism...*, op. cit. p. 22-24 e os ensaios de L. ZUCKER e R. JEPPERSON no mesmo volume.

problema de como explicar a emergência e a modificação das práticas institucionais. Como vimos, muitos teóricos do institucionalismo da escolha racional explicam o desenvolvimento de uma instituição por referência à eficiência com que serve os objectivos materiais daqueles que a aceitam. Em contrapartida, os institucionalistas sociológicos defendem que as organizações adoptam frequentemente uma nova prática institucional menos porque esta aumenta o número de membros. Por outras palavras, as organizações adoptam formas ou práticas institucionais específicas porque têm um valor amplamente reconhecido num ambiente cultural mais vasto. Em alguns casos, estas práticas podem ser aberrantes em relação à realização dos objectivos formais da organização. [83]John L. Campbell coloca bem a questão quando fala de uma "lógica de correção social" em oposição a uma "lógica instrumental".

[84]Assim, ao contrário dos teóricos que explicam a diversificação das empresas americanas nos anos cinquenta e sessenta como uma reação funcional a exigências económicas ou tecnológicas, Neil FLIGSTEIN argumenta que os empresários fizeram esta escolha devido ao valor que passou a ser atribuído a esta noção nos muitos fóruns profissionais em que participavam e porque esta escolha apoiava o seu papel social e a sua visão do mundo. [85]Do mesmo modo, Yasemin Soysal argumenta que a política de imigração adoptada por muitos Estados foi seguida não por ser a mais funcional para cada Estado, mas porque a nova conceção dos direitos humanos proclamada pelos regimes internacionais fez com que esta política parecesse adequada, enquanto outras pareciam ilegítimas aos

[83] J.L. Campbell, "Institutional Analysis and the Role of Ideas in Political Economy", citado em J. March, J.P. Olsen, *Rediscovering Institutions*, op. cit. capítulo 2.
[84] N. FLIGSTEIN, *The Transformation of Corporate Control*, op. cit.
[85]Y. SOYSAL, *Limites da cidadania*, op. cit.

olhos das autoridades nacionais. A questão fundamental, nesta perspetiva, é obviamente o que confere "legitimidade" a certos arranjos institucionais e não a outros. Em última análise, esta questão implica uma reflexão sobre as fontes da autoridade cultural. Na sociologia, alguns institucionalistas insistem que a expansão do papel regulador do Estado moderno impõe muitas práticas às organizações por via da autoridade. [86]Outros sublinham que a crescente profissionalização de muitas esferas de atividade está a dar origem a comunidades profissionais com autoridade cultural suficiente para impor certas normas ou práticas aos seus membros. Noutros casos, as práticas institucionais comuns devem emergir de um processo de discussão mais interpretativo entre os actores de uma dada rede (relativamente a problemas comuns, à sua interpretação e à sua resolução), que tem lugar em vários fóruns, desde escolas de gestão a conferências internacionais. Espera-se que estes intercâmbios forneçam aos actores esquemas cognitivos partilhados, que concretizam a intuição de práticas institucionais adequadas, que são depois amplamente divulgadas. [87]Nestes casos, as dimensões interactiva e criativa do processo através do qual as instituições são socialmente constituídas são claramente visíveis. [88]Há quem defenda que podemos mesmo observar estes processos à escala transnacional, onde os conceitos habituais de modernidade conferem um certo grau de autoridade às práticas dos Estados mais "desenvolvidos" e onde as trocas que têm lugar sob a égide de regimes internacionais

---

[86] P.DIMAGGIO, W.W. POWELL, "The Iron Cage Revisited: Institutional Isomorphism and Collective Rationality" e W.W. Powell, "Expanding the Scope of Institutional Analysis, in W.W. Powell, P.J. DiMaggio, *The New Institutionalism inOrganizational Analysis*, op. cit., capítulos 3 e 8. capítulos 3 e 8.

[87] Sobre este ponto, somos devedores da análise penetrante desenvolvida por J.L. CAMPBELL em *"Recent Trends in InstitutionalAnalysis"*, p. 11.

[88] Ver J.W. MEYER et al, "Ontology and Rationalization", J.W. MEYER, "RationalizedEnvironments", e D. STRANG, J.W. MEYER, "Institutional Conditions for Diffusion", em W.R. SCOTT, J.W. MEYER, InstitutionalizedEnvironments and Organizations, op. cit. STRANG, J.W. MEYER, "Institutional Conditions for Diffusion", em W.R. SCOTT, J.W. MEYER, *InstitutionalizedEnvironments and Organizations*, op. cit., capítulos 1, 2 e 5.

encorajam acordos que disseminam práticas comuns para além das fronteiras nacionais.

No âmbito desta investigação, o neo-institucionalismo sociológico permitir-nos-á compreender as dinâmicas e os instrumentos utilizados pelo Conselho Distrital de Yaoundé II para implementar as suas políticas de desenvolvimento local e de cooperação internacional.

VIII. ENQUADRAMENTO METODOLÓGICO

Segundo Madeleine GRAWITZ, o método é "*o conjunto das operações intelectuais pelas quais uma disciplina procura atingir a verdade que persegue, demonstrá-la e verificá-la (...).* [89]*Está mais ou menos ligado a uma posição filosófica*" . Este quadro metodológico é, portanto, uma oportunidade para apresentarmos a nossa orientação metodológica, que consiste nos métodos de recolha de dados (A) e na abordagem metodológica adoptada (B).

A. MÉTODOS DE RECOLHA DE DADOS

A nossa investigação basear-se-á nas técnicas de recolha de dados habitualmente utilizadas na análise das políticas públicas: pesquisa documental (1) e entrevistas (2).

1. Consulta de documentos

[89] Madeleine GRAWITZ, *op. cit*, pp.351-352.

Trata-se de uma técnica de recolha de dados não reactiva e é fundamental para a nossa investigação, na medida em que nos permitirá recolher uma grande quantidade de informações.

Por conseguinte, teremos de trabalhar com documentos como os documentos de planeamento estratégico relativos às políticas de desenvolvimento local do município de Yaoundé II, e os vários acordos entre o município de Yaoundé II e os seus parceiros internacionais e locais.

2. A entrevista

A entrevista é uma técnica de recolha de dados viva e muito útil para recolher informações sobre as políticas públicas. Estas entrevistas permitirão entrar em contacto com os actores implicados nos processos analisados neste estudo, como os responsáveis pela cooperação e pelo desenvolvimento local da Comuna de Yaoundé II.

B. MÉTODOS DE ANÁLISE DE DADOS: A ABORDAGEM DA REDE DE POLÍTICAS

A abordagem metodológica utilizada para analisar os dados recolhidos durante a nossa investigação científica é a abordagem da rede de políticas públicas. Depois de a apresentarmos (1), mostraremos como se aplica ao nosso objeto de estudo (2).

1. Apresentação do método

À medida que a análise das políticas públicas se tornou mais profissional e se libertou do controlo político, desenvolveu as suas próprias controvérsias e questões, bem como os seus próprios instrumentos analíticos. Um dos desenvolvimentos mais amplamente observados e discutidos foi a proliferação de partes interessadas consideradas legítimas para participar na ação pública. Este facto deu origem a questões relacionadas com a coordenação da ação pública e com as condições de participação dos actores do sector privado e do sector público. Entre os muitos conceitos que surgiram para analisar estes desenvolvimentos estão as redes de políticas públicas. O conceito apareceu pela primeira vez na literatura anglo-saxónica na década de 1980 e difundiu-se em França na década de 1990. Como é que o termo "rede de ação pública" surgiu na caixa de ferramentas do analista de políticas públicas? As redes levantam questões. São tanto uma palavra utilizada pelas partes interessadas para descrever a sua cooperação, como um conceito analítico e um método de análise, cujo denominador comum é um questionamento dos participantes na ação pública e dos procedimentos que utilizam para conseguir uma mudança duradoura no curso das políticas públicas que os afectam. O conceito de "redes" tornou-se popular na análise das políticas públicas, para designar os múltiplos actores envolvidos na produção de bens públicos. Insere-se num debate estruturante da análise das políticas públicas que, tradicionalmente, opõe o neo-corporativismo ao pluralismo. O debate sobre as redes de ação pública coloca duas grandes questões: quem está autorizado a participar nas políticas públicas? As decisões tomadas são democráticas?

Nos Estados Unidos, as teorias do pluralismo eram dominantes na década de 1950. Postulam uma diversidade de interesses com acesso ao sistema político. Os defensores do neo-corporativismo criticaram-nas fortemente e popularizaram a noção de "triângulo de ferro". [90][91]Para analisar as políticas industriais nos Estados Unidos, Theodore Lowi e, depois dele, Guy Peters descrevem "subsistemas" em que representantes de grupos de interesse, agências estatais e o Congresso americano mantêm relações descritas como "simbióticas" e são levados a defender interesses semelhantes. Estas trocas escapam ao olhar do público. Este conceito sublinha o carácter fechado dos círculos de decisão e o papel preponderante dos actores privados.

Discutindo a noção de "triângulo de ferro" como sendo demasiado restritiva, Hugh ECLO prefere a "rede temática", que define como "*uma rede de comunicação de todos os actores interessados na ação política numa área, incluindo autoridades governamentais, legisladores, empresários, representantes de grupos de pressão e até académicos e jornalistas.* [92]*Esta rede não é, obviamente, um triângulo de ferro*".
A rede temática é, portanto, a antítese do "triângulo de ferro" e descreve a circulação de ideias entre os diferentes actores, permitindo a alteração das políticas. Esta rede traz de novo à ribalta as teorias pluralistas.
A abordagem da rede de políticas públicas representa uma forma de síntese entre estas duas correntes. O objetivo foi encontrar um meio-termo entre as chamadas teorias pluralistas, que defendem a ideia de um jogo amplamente aberto em que qualquer pessoa pode aceder aos recursos públicos, e as teorias neo-corporativistas, que vêem o jogo como fechado, com as políticas públicas a serem decididas por um conjunto de actores públicos e privados. A ideia é levar a sério a óbvia abertura da ação pública

[90] Theodore Lowi, *The End of Liberalism*, Nova Iorque, N.Y., Norton, 1969.
[91] Guy PETERS, *American Public Policy*, Basingstoke, Mac Millan, 1986
[92] Hugh HECLO, "Issue Network and The Executive Establishment" in Anthong King (ed.), *The New American Political System*, Washington DC, American Enterprise Institute, 1978.

a múltiplos actores - algo que as abordagens neo-corporativistas negligenciaram, fazendo do Estado um ator central capaz de selecionar os seus interlocutores - tendo em conta o facto de as políticas públicas e os espaços em que são discutidas não serem públicos nem acessíveis a todos.
O objetivo dos analistas era pensar e, sobretudo, concetualizar as relações entre o Estado, as colectividades locais, os eleitos e os grupos de interesse num contexto de profundas transformações institucionais (reformas de descentralização, multiplicação de instâncias supranacionais, normas económicas destinadas a reduzir a despesa pública, etc.).
O conceito de rede baseia-se numa forte constatação: espaços mais ou menos fechados integram actores públicos (serviços do Estado, estabelecimentos públicos, agências, etc.) e actores privados (empresas, associações, sindicatos, etc.), cujos interesses são múltiplos (por exemplo: procura de rentabilidade, missão de serviço público, igualdade de acesso a um bem coletivo, etc.). A produção de bens públicos é o resultado de trocas entre estes actores.
Na maior parte dos casos, as políticas públicas envolvem vários grupos que representam interesses diversos. As políticas de proteção do ambiente são frequentemente citadas como um exemplo desta mistura de géneros: reúnem representantes de grupos industriais, associações de conservação da natureza, departamentos governamentais, empregados e residentes locais, todos eles com diferentes razões para agir e diferentes objectivos.
A abordagem de rede procura analisar a participação destes múltiplos grupos nas políticas públicas. O alargamento do círculo de participantes não é sinónimo de igualdade entre eles, mas baseia-se nas assimetrias de recursos entre os diferentes protagonistas.
Os investigadores formalizaram tipologias, classificando as redes de ação pública de acordo com a sua estabilidade e o seu grau de abertura a novos participantes. Entre as mais conhecidas estão as "redes de projectos", as

"comunidades de políticas públicas" e as "comunidades epistémicas". Como ferramenta analítica, o termo "redes" refere-se a espaços intermediários, lugares onde a ação pública é construída. Permite fazer uma sociologia dos poderes públicos em interação para ultrapassar as análises que colocam os serviços públicos no centro e que oferecem uma visão relativamente desencarnada da ação pública, reificando o poder público. Um dos contributos das "redes de ação pública" consiste em sublinhar a dimensão colectiva e interactiva dos processos de decisão. O resultado é uma nova forma de pensar o papel dos poderes públicos. Estas não ocupam, a *priori,* um lugar central, podendo mesmo ser relegadas para o estatuto de actores secundários. As redes nasceram, portanto, também desta constatação do desaparecimento relativo dos poderes públicos e da importância dos espaços intermediários na estruturação da ação pública.

2. A sua aplicação ao objeto de estudo

A abordagem em rede das políticas públicas permitirá assim analisar as diferentes interacções entre os diferentes actores implicados na esfera do desenvolvimento local e da cooperação no bairro de Yaoundé II: o Estado, cuja ação é encarnada pelo Ministério responsável pela Descentralização e pelos outros ministérios parceiros da Comuna de Yaoundé II, os seus parceiros internacionais e as populações locais.

PRIMEIRA PARTE: SOCIOGÉNESE, DINÂMICA NORMATIVA E INSTITUCIONAL DA DESCENTRALIZAÇÃO NOS CAMARÕES

Nas duas últimas décadas, a descentralização tornou-se uma prioridade política para muitos Estados africanos. Num contexto de revalorização global do local, de redefinição do Estado, de crise económica e financeira e de pressões dos doadores, os governos da África Central adoptaram esta nova forma de organizar a ação pública. Os Camarões, por exemplo, adoptaram a descentralização como um modo fundamental de gestão do Estado. A emenda constitucional de 18 de janeiro de 1996 proclama que a República dos Camarões é um "Estado unitário descentralizado". A isto juntam-se as leis de 22 de julho de 2004 sobre a descentralização, que concedem mais prerrogativas às colectividades locais do que no passado. Assim, as comunas e as regiões ganharam maior importância como níveis territoriais onde os assuntos devem ser autogeridos. Este facto levanta questões sobre os mecanismos de apropriação jurídica e institucional deste modo de administração pelo Estado dos Camarões.

Para o efeito, a primeira parte deste estudo incide sobre a sociogénese e as dinâmicas institucionais e normativas da descentralização nos Camarões. Nesta perspetiva, está dividida em dois capítulos, o primeiro dos quais se debruça sobre o contexto histórico e o quadro jurídico da descentralização nos Camarões (Capítulo I) e o segundo destaca os principais actores e instituições que apoiam a descentralização nos Camarões (Capítulo II).

CAPÍTULO I: ANTECEDENTES HISTÓRICOS E QUADRO JURÍDICO DA DESCENTRALIZAÇÃO NOS CAMARÕES

[93]Na teoria jurídica do Estado, onde o conceito de descentralização encontra a sua melhor aplicação, trata-se do reconhecimento, a par do Estado, de entidades públicas dotadas de poderes administrativos. [94]Estas entidades têm uma autonomia relativa para tomar decisões ou gerir, mas actuam sob o controlo do Estado. No fundo, trata-se, portanto, do grau de autonomia concedido pelo Estado aos organismos sub-estatais. [95]Apesar da complexidade das considerações sóciohistóricas, as origens da descentralização, e mais especificamente do movimento comunal nos Camarões, remontam a 1916, período marcado pela administração colonial alemã. Neste capítulo, começamos por destacar a evolução cronológica do processo de descentralização nos Camarões desde as suas origens (secção I), seguida de uma revisão da literatura sobre o quadro jurídico e normativo da descentralização nos Camarões (secção II).

SECÇÃO I: EVOLUÇÃO CRONOLÓGICA DA DESCENTRALIZAÇÃO NOS CAMARÕES

A evolução cronológica do processo de descentralização nos Camarões pode ser dividida em duas fases principais: uma fase inicial, ou mesmo pré-inicial (parágrafo I) e uma fase de apropriação e de operacionalização (parágrafo II).

---

[93] Landry NGONO TSIMI - Cours de *Collectivités locales, décentralisation et droit de la coopérationdécentralisée au Cameroun*, Master "Coopération internationale, Action humanitaire et Développementdurable", Yaoundé, Institut des Relations internationales du Cameroun: 2015, p. 5

[94] Michel VERPEAUX, *Droit des collectivités territoriales*, PUF, 2005, pp. IX e seguintes.

[95] Landry Ngono TSIMI, *L'autonomie administrative et financière des collectivités territoriales et décentralisées : l'exemple du Cameroun*, tese de doutoramento defendida na Universidade de Paris-Est, 2010, p. 32.

PARÁGRAFO I: AS FASES PRÉ-INICIAL (1920-1974) E INICIAL (1974-1996) DA IMPLEMENTAÇÃO DA DESCENTRALIZAÇÃO NOS CAMARÕES.

A fase pré-inicial vai de 1916 a 1974 e a fase inicial de 1974 a 1996.

A- A FASE PRÉ-INICIAL: DE 1916 A 1974.

Durante esta fase, a Alemanha, grande perdedora da Primeira Guerra Mundial, foi obrigada a abandonar as suas possessões coloniais, que passariam a ser administradas pela Sociedade das Nações, em conformidade com o Tratado de Versalhes de 28 de junho de 1919. O Tratado de Versalhes, de 28 de junho de 1919, conferiu às potências britânica e francesa o mandato de administrar os Camarões. O movimento comunal foi assim marcado pela influência destas duas potências. [96]Com efeito, enquanto a potência britânica implementou o sistema de governo indireto, a administração colonial francesa implementou a administração direta. [97]Assim, em 1944, havia mais de trinta comunas nos Camarões Ocidentais; este número aumentou para 28 em 1967, depois para 24 novamente em 1967, depois para 24 em 1969, número que se manteve inalterado até à adoção da Constituição de 1972 e da lei sobre a organização das comunas na República Unida dos Camarões, de 5 de dezembro de 1974. [98]No Leste dos Camarões, as primeiras comunas foram criadas pelo decreto de 25 de junho de 1941, emitido pelo governador francês dos Camarões,

---

[96]Landry Ngono TSIMI, *op. cit.*

[97] Landry Ngono TSIMI, *L'autonomie administrative et financière des collectivités territoriales et décentralisées : l'exemple du Cameroun*, tese de doutoramento defendida na Universidade de Paris-Est, 2010, p. 36

[98]*Ibid.*

que instituiu as comunas mistas de Douala e Yaoundé nas duas maiores zonas urbanas do país. Após a Segunda Guerra Mundial, um decreto de 21 de agosto de 1952 criou as comunas rurais mistas e alargou-as a todas as subdivisões do país. [99]Três anos mais tarde, a lei francesa n.º 55-1489, de 18 de novembro de 1955, relativa à reorganização municipal nos países da África Negra, com exceção do Senegal, introduziu as comunas de pleno direito e de média dimensão. Em 1967, a lei de 1 de março criou as primeiras variantes do "sistema especial" no seio das comunas de pleno exercício, nas grandes cidades de Douala, Yaoundé e Nkongsamba. [100]Estas comunas tornar-se-ão mais tarde comunidades urbanas, dirigidas por delegados governamentais nomeados pelo Presidente da República. [101]No início da Reunificação, os Camarões tinham 339 comunas sob a égide da lei comunal de 5 de dezembro de 1974.

B- A FASE INICIAL, DE 1974 A 1996

[102]A unificação dos Camarões em 1972 foi acompanhada de uma série de reformas, das quais a mais importante foi a multiplicação e a uniformização dos distritos administrativos pela lei de 24 de julho de 1972. A nível local, a uniformização traduziu-se num reforço da autoridade central e na substituição das regiões, subdivisões e postos administrativos por províncias, departamentos, arrondissements e distritos, respetivamente. [103]A divisão administrativa do território,

---

[99]*Ibid.*

[100]Landry Ngono TSIMI, *op. cit.*

[101]*Ibid.*

[102]Landry NGONO TSIMI - Cours de *Collectivités locales, décentralisation et droit de la coopérationdécentralisée au Cameroun*, Master "Coopération internationale, Action humanitaire et Développementdurable", Yaoundé, Institut des Relations internationales du Cameroun: 2015, p. 17

[103]*Ibid.*

nomeadamente os arrondissements, serviu de base à criação de comunas; os Camarões dispunham então de 339 comunas, sob a égide da lei comunal de 5 de dezembro de 1974 e dos seus diferentes textos de alteração. A Lei Constitucional de 18 de janeiro de 1996 criou um novo nível de autoridades territoriais (a Região) com base nas dez províncias existentes.

Até à promulgação das leis de descentralização de 22 de julho de 2004, a lei de 5 de dezembro de 1974 continuava a ser a carta comunal em vigor nos Camarões. Esta lei reflectia o espírito de resistência do constituinte a tudo o que pudesse impedir o bom funcionamento da unidade nacional. Mesmo as suas sucessivas alterações não melhoraram a autonomia das colectividades locais descentralizadas. [104]Pelo contrário, ao reforçar os poderes de tutela e de nomeação dos executivos locais, constituiu um claro retrocesso em relação à lei comunal de 1955, que instituía a eleição dos presidentes de câmara pelos conselhos municipais das maiores comunas. Enquanto a Constituição de 1972 colocava a organização das colectividades locais no domínio da lei (artigo 20º, nº 3), reconhecendo assim implicitamente a sua existência, a lei de 5 de dezembro de 1974 delegava, por sua vez, esses mesmos poderes no executivo. Através desta dupla transferência de poderes, e sob a direção do partido único, o governo central acabou por criar e organizar a comuna como unidade administrativa descentralizada. Os executivos locais foram nomeados e as assembleias locais foram cooptadas pelo partido único. Os poderes atribuídos às comunas eram objeto de um controlo rigoroso sob o impulso local da associação Partido-Estado. [105]Por conseguinte, era difícil sequer conceber a ideia de autonomia das colectividades locais, no sentido que lhe é dado pela doutrina moderna. Desde então, os Camarões assistiram

[104]*Ibid*, p. 20

[105]Landry Ngono TSIMI, *op. cit.* p. 21

ao advento de um sistema multipartidário e de eleições pluralistas. A nível local, a lei de 14 de agosto de 1992 substitui todos os "administradores municipais" nomeados pelos presidentes de câmara eleitos pelos respectivos conselhos municipais nas comunas rurais, embora esta lei só tenha entrado em vigor nas eleições municipais de 21 de janeiro de 1996, ou seja, quatro anos mais tarde.

[106]A nova Constituição de 1996 marcou uma rutura com o reinado do partido único e com o lema da "unidade nacional". Numerosas liberdades fundamentais foram desde então reconhecidas pelo legislador.

PONTO II: AS FASES DE APROPRIAÇÃO (1996 A 2004) E DE APLICAÇÃO JURÍDICA (2004 ATÉ À ACTUALIDADE)

Este parágrafo ilustrará as diferentes dinâmicas que conduziram à apropriação e à operacionalização jurídica do conceito de descentralização pelo Estado dos Camarões.

A- A FASE DE DOTAÇÃO JURÍDICA: 1996 A 2004

A Lei Constitucional de 18 de janeiro de 1996 criou um novo nível de autoridades territoriais (a Região) com base nas dez províncias existentes. [107]Atualmente, existem 384 colectividades territoriais descentralizadas nos Camarões, na sequência das leis de descentralização de 22 de julho de 2004 e dos numerosos arrondissements entretanto criados. Em 22 de julho de 2004, a primeira lei, n.º 2004/017, fixou as orientações para a descentralização; a segunda, n.º 2004/018, fixou as regras aplicáveis às comunas; e a terceira, n.º 2004/018, fixou as regras aplicáveis às regiões.

---

[106]*Ibid.*

[107]ver decreto de 12/11/2008

Contrariamente à legislação anterior (Lei das Comunas de 5 de dezembro de 1974), o artigo 152.º da Lei n.º 2004/017 introduz uma nomenclatura única para as comunas, suprimindo assim a distinção entre comunas urbanas e comunas rurais. Dado que muitas aglomerações eram compostas por zonas urbanas e rurais e, por conseguinte, por comunas urbanas e rurais numa mesma cidade (por exemplo, a comuna urbana de Kribi e a comuna rural de Kribi, na cidade com o mesmo nome), a aplicação desta disposição implicava quer o agrupamento de certas comunas numa comunidade urbana, quer a deslocação geográfica da cidade principal de uma das duas comunas. [108]Parece ser este, aliás, o sentido do artigo 153º da lei comunal: "As comunas que têm a sua cidade principal no território de outra comuna dispõem de um prazo de 18 meses ... para transferir a referida cidade principal para o seu território" .

B- A FASE DE APLICAÇÃO JURÍDICA: APÓS 2004

Aquando das eleições autárquicas de 1996, os Camarões contavam com um total de 338 comunas, das quais 2 comunidades urbanas, 9 comunas de regime especial, 11 comunas de arrondissement urbano e 306 comunas rurais. Só em 2004 é que foi aprovada uma lei de descentralização para dar um novo impulso à descentralização nos Camarões. Desde 2008, o número de comunas passou de 339 para cerca de 360, com 10 comunidades urbanas em cada capital regional.

SECÇÃO II: QUADRO JURÍDICO E REGULAMENTAR DA DESCENTRALIZAÇÃO NOS CAMARÕES

---

[108]Landry Ngono TSIMI, *op. cit.* p. 17

Esta secção destacará a dinâmica textual (Parágrafo I) e os princípios fundamentais (Parágrafo II) relativos ao quadro jurídico da descentralização nos Camarões.

PARÁGRAFO I: CRONOLOGIA DA LEGISLAÇÃO SOBRE A DESCENTRALIZAÇÃO NOS CAMARÕES

Neste parágrafo, tentaremos mostrar como a dinâmica textual relativa ao quadro jurídico da descentralização nos Camarões obedece a duas fases principais. Em primeiro lugar, uma fase de concetualização marcada por uma proliferação de textos jurídicos e, em segundo lugar, uma fase marcada por uma vontade política de reforçar este quadro.

A - UMA FASE DE CONCEPTUALIZAÇÃO DO QUADRO JURÍDICO MARCADA POR UMA PROLIFERAÇÃO DE TEXTOS: DE 2004 A 2011

A política de descentralização que se observa atualmente nos Camarões está consagrada na Constituição e enquadrada por um arsenal jurídico coerente:

- Lei n° 92-002 de 14 de agosto de 1992 que fixa as condições de eleição dos conselheiros municipais. Alterada e completada pela Lei n.º 2006/010 de 29 de dezembro de 2006;

A lei de 18 de janeiro de 1996, que revê a Constituição de 2 de junho de 1972, consagra o estatuto da República dos Camarões como um Estado unitário descentralizado. Este facto deu um impulso decisivo ao processo de descentralização no nosso país;

- Lei n.º 2004/017, de 22 de julho de 2004, relativa à orientação da descentralização;

- Lei n.º 2004/018, de 22 de julho de 2004, que estabelece o regime aplicável aos municípios;

- Lei n.º 2004/019, de 22 de julho de 2004, que estabelece o regime aplicável às regiões ;
- Lei n.º 2006/005, de 14 de julho de 2006, que estabelece as condições de eleição dos senadores;
- Lei n° 2006/004, de 14 de julho de 2006, que fixa o modo de eleição dos conselheiros regionais;
- Lei n.º 2006/011, de 29 de dezembro de 2006, relativa à criação, organização e funcionamento do sistema eleitoral dos Camarões (ELECAM);
- Lei n.º 2009/11, de 10 de julho de 2009, relativa ao regime financeiro das autoridades descentralizadas;
- Lei n°2009/019 de 15 de dezembro de 2009 relativa à fiscalidade local.
- Decreto n.º 2010/1735/PM, de 1 de junho de 2010, que estabelece a nomenclatura orçamental das colectividades locais descentralizadas.

Para além deste conjunto de diplomas, o Ministério da Administração do Território e da Descentralização elaborou ainda um projeto de estatuto do pessoal autárquico: o Despacho n.º 00136/A/MINATD/DCTD, de 24 de agosto de 2009, que implementa as tabelas tipo dos postos de trabalho autárquicos. Assim como a definição da estratégia urbana do Governo, que visa valorizar e reforçar o papel das autarquias locais descentralizadas na gestão urbana, principalmente nos domínios do ordenamento do território e do urbanismo.

B - UMA FASE MARCADA POR UMA VONTADE POLÍTICA DE REFORÇAR E COMPLETAR O QUADRO JURÍDICO: O CÓDIGO GERAL DOS CTD DE 24/12/2019.

A lei sobre o Código Geral das Colectividades Territoriais Descentralizadas (Code Général des Collectivités Territoriales Décentralisées - CTD) foi adoptada pelo Parlamento e promulgada pelo Presidente da República em 24 de dezembro de 2019. Contém algumas inovações importantes. O Código consagra :

- supervisão um pouco menos omnipresente
- mais poderes transferidos para as autoridades locais do que no passado
- maior autonomia funcional
- mais recursos transferidos diretamente para os CTD
- promover a participação local na elaboração do orçamento e na escolha dos projectos prioritários, através dos representantes dos bairros e das aldeias
- uma definição avançada do estatuto dos eleitos locais
- maior clarificação das responsabilidades entre a Comunidade Urbana e o município distrital
- a eleição dos órgãos executivos das comunidades urbanas
- um regime financeiro mais preciso

O Código estabelece igualmente um Estatuto Especial para as regiões Noroeste e Sudoeste, com o objetivo de promover o desenvolvimento destas duas regiões, tendo em vista melhorar o bem-estar das suas populações. Tem em conta o património linguístico e o *direito comum* e prevê :

- uma dotação financeira especial

- tributação vantajosa
- órgãos especiais de gestão da Região
- Um mediador para resolver certos problemas ou resolver certas questões.

Por último, o desaparecimento do cargo de Delegado do Governo é consagrado no Código. A partir de agora, haverá um Presidente da Câmara eleito, denominado Super Presidente. Será natural da região à qual a cidade está ligada. É eleito. Para ser elegível, deve ser um conselheiro local.

De acordo com as disposições do referido Código, o Presidente da Região é também um indígena nacional da Região. Da mesma forma, o Vice-Presidente da Região é um indígena e um chefe tradicional. É também de salientar que o Presidente da Câmara é um residente do distrito e que os candidatos das listas devem refletir a composição sociológica de todas estas eleições.

PARÁGRAFO II: PRINCÍPIOS JURÍDICOS RELATIVOS À IMPLEMENTAÇÃO DA DESCENTRALIZAÇÃO NOS CAMARÕES

Estes são os princípios que regem a implementação da descentralização nos Camarões. Trata-se dos princípios de subsidiariedade (A), de igualdade e de progressividade (B).

A - O PRINCÍPIO DA SUBSIDIARIEDADE

Dado que a maioria das autoridades locais dispõe de recursos limitados, este princípio deve ser aplicado de forma pragmática.

B - OS PRINCÍPIOS DA IGUALDADE E DA PROGRESSÃO

O princípio da igualdade refere-se à capacidade do Estado de reduzir todas as colectividades locais ao mesmo denominador. Para tornar a descentralização mais operacional em todo o país, o Estado transfere as mesmas competências para todas as colectividades locais da mesma categoria.

Quanto ao princípio da progressividade, este postula que a repartição das competências deve ter em conta a capacidade das colectividades locais para as exercerem.

Em conclusão, a evolução do processo de descentralização nos Camarões segue uma lógica cronológica marcada por grandes fases. De facto, se as primeiras fases que assistiram ao advento deste processo podem ser qualificadas de preliminares, nomeadamente uma fase pré-inicial que vai de 1916 a 1974, e uma fase inicial que vai de 1974 a 1996, bem como uma fase de apropriação jurídica que vai de 1974 a 1996 e uma fase de operacionalização, a evolução do quadro normativo conheceu também duas grandes fases, nomeadamente uma introdução progressiva de textos, e depois uma vontade política de reforçar este quadro jurídico. Assim, embora baseada nos princípios de subsidiariedade, igualdade e progressividade, a descentralização nos Camarões parece ser um processo em curso. No entanto, para compreender melhor a construção deste processo, é necessário examinar os actores envolvidos e os seus diferentes papéis.

CAPÍTULO II: ACTORES E INSTITUIÇÕES QUE APOIAM A DESCENTRALIZAÇÃO NOS CAMARÕES

A nova orientação dada ao processo de descentralização conduziu a uma reestruturação da arquitetura institucional do país. O Estado criou estruturas de controlo do desenvolvimento e do funcionamento das colectividades locais descentralizadas. Foram criados organismos e reorganizadas instituições para responder às novas exigências da descentralização. Atualmente, os actores da descentralização encontram-se tanto ao nível do Estado como ao nível da sociedade. [109]Assim, entre os actores implicados no processo de descentralização nos Camarões, é possível distinguir, em primeiro lugar, os serviços centrais e desconcentrados, por um lado (secção I), e as instituições de acompanhamento e de apoio, por outro (secção II).

SECÇÃO I: SERVIÇOS CENTRAIS E DESCENTRALIZADOS

O objetivo aqui é destacar os diferentes papéis dos serviços centrais e descentralizados no processo de descentralização nos Camarões.

PARÁGRAFO I: OS PRINCIPAIS ACTORES DA DESCENTRALIZAÇÃO NOS CAMARÕES

Ao ilustrar a dinâmica dos actores centrais da descentralização, podemos ver o envolvimento do Presidente da República e do PrimeiroMinistro, do ministério responsável pela descentralização e de outros departamentos ministeriais.

[109] Landry NGONO TSIMI - Curso de *direito das colectividades locais, da descentralização e da cooperação nos Camarões*, mestrado em "Cooperação Internacional, Ação Humanitária e Desenvolvimento durable ", Yaoundé, Institut des Relations internationales du Cameroun: 2015,p.4

[110]A Constituição estabelece claramente que o Presidente da República define a política da nação. Em conformidade com as leis de descentralização, os poderes do Estado sobre as colectividades locais descentralizadas são exercidos pelo Presidente da República. A este título, o Presidente da República pode decidir agrupar temporariamente certas comunas, ou anexar uma comuna a outra, ou mesmo dividi-la. No âmbito do exercício das suas prerrogativas, assinou, em 24 e 25 de abril de 2007, dois decretos que criam cinquenta e oito (58) novas comunas e fixam o número de conselheiros municipais por comuna. Do mesmo modo, em janeiro de 2008, promulgou decretos que criaram doze (12) novas comunidades urbanas, dirigidas por Delegados do Governo nomeados no início de 2009.

No âmbito da sua função de controlo, tem também o poder de dissolver o conselho municipal e de demitir o presidente da câmara e os seus adjuntos em caso de falta grave ou de violação, por parte destes, das leis e regulamentos em vigor. Foi o caso, nomeadamente, do presidente da Câmara Municipal de Penja, demitido pelo decreto n.º 2008/193, de 2 de junho de 2008, relativo à demissão de um magistrado municipal.

[111]Enquanto Chefe de Governo, o Primeiro-Ministro desempenha um papel decisivo na implementação do processo de descentralização, com base na sua missão geral de coordenação da ação governamental.
Por exemplo :

---

[110]República dos Camarões, *Constituição de 18 de janeiro de 1996*, Título II, Art. 5, p. 5
[111]Landry Ngono TSIMI, *op. cit., p.* 5

- Em 2008, uma circular do PM de 11 de janeiro deu instruções aos chefes dos departamentos ministeriais para terem em conta a descentralização nas suas respectivas estratégias sectoriais.
- em 2008, um decreto do PM especificou certas modalidades de organização e de funcionamento dos órgãos deliberativos e executivos da comuna, da coletividade urbana e do sindicato das comunas.
- É um elo essencial na execução do processo de descentralização. Preside ao Conselho Nacional de Descentralização, cujo Secretariado Permanente é assegurado por um membro sénior do seu pessoal.

B - O MINISTRO DAS COLECTIVIDADES TERRITORIAIS E OUTROS SERVIÇOS MINISTERIAIS

[112][113]As leis de 2004 atribuíram ao Ministro responsável pelas colectividades locais um papel determinante na condução e no acompanhamento do processo de descentralização e estas prerrogativas foram reiteradas no novo Código Geral das Colectividades Territoriais Descentralizadas.

No exercício dos seus poderes de controlo, o Presidente da Câmara pode, através de despacho fundamentado, suspender um vereador, o Presidente ou os Vice-Presidentes da Câmara, ou toda a Assembleia Municipal, nos casos previstos na lei que estabelece o regime aplicável aos municípios.

Se um município não puder funcionar, pode criar uma delegação especial para exercer as funções atribuídas ao conselho municipal. Foi o que

[112]Landry Ngono TSIMI, *Ibid*, p. 5
[113] República dos Camarões, *Código Geral da CTD*, 24 de dezembro de 2019.

aconteceu no município de Lobo após o resultado do conflito pré-eleitoral iniciado em julho de 2007.

O ministro responsável pelas colectividades locais descentralizadas desempenha igualmente um papel determinante no funcionamento dos órgãos das comunas e das comunidades urbanas. É o ministro que fixa, por decreto, o montante do subsídio de sessão e o reembolso das despesas atribuídas ao presidente da câmara, ao vice-presidente da câmara, ao conselheiro municipal, ao presidente e ao membro da delegação especial, no âmbito do exercício das suas funções. Aprova igualmente a decisão do Conselho Municipal que fixa as remunerações e os subsídios do presidente e dos vice-presidentes da Câmara.

Em aplicação do disposto no artigo 75.º, n.º 1, da Lei n.º 2004/018, de 22 de julho de 2004, que estabelece o regime aplicável aos municípios, o ministro responsável pelas autarquias locais tornou executórias as tabelas-tipo dos postos de trabalho comunais, por despacho de 24 de agosto de 2009, com vista a reforçar a eficiência e a eficácia dos serviços dos municípios e das comunidades urbanas, tendo em conta a importância de cada um no processo de desenvolvimento a nível local.

Nomeia igualmente os Secretários-Gerais das Câmaras Municipais e extingue as suas funções. Nomeia igualmente os Receptores Municipais por decreto conjunto com o Ministro das Finanças.

Autoriza igualmente o recrutamento de pessoal municipal a partir da sétima categoria e aprova os respectivos contratos de trabalho. [114]Aprova igualmente os contratos de concessão de serviços públicos municipais de carácter industrial e comercial, os acordos de cooperação com autarquias locais estrangeiras e os relativos à adesão do município a organizações

---

[114]Landry Ngono TSIMI, *Ibid*, p.5

internacionais de cidades geminadas ou a outras organizações internacionais de cidades.

No âmbito da execução e do acompanhamento efectivos da descentralização, o Ministro responsável pelas colectividades locais preside ao Comité Interministerial dos Serviços Locais. [115]Foi nesta qualidade que este comité assistiu os diferentes serviços ministeriais implicados na transferência de competências na determinação das primeiras competências a transferir.

O conjunto de competências transferidas para as comunas e as comunidades urbanas pelas leis de descentralização de 2004 exige a participação de outros serviços ministeriais, que são igualmente membros do Comité Interministerial dos Serviços Locais e do Conselho Nacional de Descentralização. Neste contexto, o Ministério das Finanças e o Ministério do Investimento Público podem ser destacados pelo seu papel geral no financiamento da descentralização e no acompanhamento dos projectos comunais.

A estes departamentos ministeriais, cujas acções são complementares às do Ministério responsável pela descentralização, juntaram-se logicamente os nove (09) que transferiram efetivamente competências e recursos para as comunas e comunidades urbanas desde o exercício de 2010, ano que marca o início das primeiras transferências efectivas. [116]Trata-se de :

- Ministério dos Assuntos Sociais ;
- Ministério da Agricultura e do Desenvolvimento Rural ;
- Ministério da Cultura ;
- Ministério do Ensino Básico ;
- Ministério da Pecuária, das Pescas e das Indústrias Animais ;

[115]Landry Ngono TSIMI, *Ibid,* p 6.

[116]*Ibid*, p. 7

- Ministério da Energia e da Água ;
- Ministério da Promoção da Mulher e da Família ;
- Ministério da Saúde Pública ;
- Ministério das Obras Públicas.

Para além de todos os serviços ministeriais acima mencionados, o papel do Ministério das Relações Externas na execução e no acompanhamento da cooperação internacional descentralizada não necessita de ser apresentado.

PONTO II: AUTORIDADES DESCENTRALIZADAS E ACTORES LOCAIS

Com efeito, não podemos falar de descentralização sem falar dos actores de base. Estes são os actores envolvidos no processo de implementação do desenvolvimento local o mais próximo possível das populações. Trata-se das autoridades que representam o Estado central, ou seja, as autoridades descentralizadas, e as colectividades locais, responsáveis pela gestão das populações.

A- AUTORIDADES DESCENTRALIZADAS

A descentralização, enquanto método de organização do Estado unitário, não pode ser separada da desconcentração, em que as autoridades desconcentradas actuam como centros locais de ligação para as autoridades centrais. As leis de descentralização especificam o seu papel na execução do processo de descentralização, nomeadamente através do apoio consultivo às autoridades locais descentralizadas.

[117]O Governador é responsável pelo controlo do Estado sobre as regiões, em conformidade com as leis de descentralização de 22 de julho de 2004. Foi isto que justificou e explica, se necessário, a criação de uma Divisão de Desenvolvimento Regional no âmbito da reestruturação dos serviços do governador regional que teve lugar ao abrigo do decreto acima mencionado de 12 de novembro de 2008. [118]Até 2010, a tutela dos municípios continuava a ser exercida pelo Governador através dos antigos serviços municipais provinciais, nomeadamente no que se refere à gestão do pessoal municipal, ao acompanhamento do funcionamento das câmaras municipais e à aprovação dos orçamentos e contas administrativas.

O prefeito, que representa o Estado no departamento, é responsável pelo controlo das comunas e dos seus estabelecimentos. Só ele está autorizado a intervir em nome do Estado perante os conselhos municipais das comunas sob a sua jurisdição. As leis de descentralização de 2004 conferem a esta autoridade administrativa poderes importantes para garantir e assegurar o bom funcionamento dos municípios. Nesta perspetiva, no âmbito da reforma de 2008 da organização e do funcionamento dos serviços da prefeitura, foi criado um serviço de desenvolvimento local, encarregado de assistir o prefeito no exercício da função de controlo do Estado sobre as comunas e os estabelecimentos públicos comunais. A criação deste serviço reveste-se de uma importância fundamental, tendo em conta a sua missão de promover e acompanhar as acções de desenvolvimento a nível local. De facto, este serviço é chamado a tornar mais legível o desempenho das comunas e dos seus estabelecimentos através do seu apoio consultivo com vista ao seu

---

[117]Landry Ngono TSIMI, *Ibid*, p. 8
[118]Landry Ngono TSIMI, *Ibid*, p. 8

funcionamento harmonioso, ao controlo orçamental e ao controlo da legalidade dos seus actos, bem como ao acompanhamento da cooperação descentralizada.

Tendo em conta o papel que são chamados a desempenhar na aplicação da descentralização, os prefeitos participaram em numerosos seminários e workshops organizados para eles ou para os magistrados municipais, com vista a reforçar as suas capacidades de apoio às comunas. O Prefeito aprova a maioria dos actos municipais, bem como os orçamentos iniciais e suplementares, as contas extra-orçamentais e as autorizações de despesas especiais. Antes da sua adoção, o prefeito aprova os planos de desenvolvimento comunal e pode anular os actos municipais manifestamente ilegais, nomeadamente em caso de direito de passagem ou de direito de passagem de facto. Do mesmo modo, pode submeter ao tribunal administrativo competente os actos do presidente da câmara ou do conselho municipal que considere ilegais, logo que os receba.

Para além do seu papel de controlo geral, de coordenação e de gestão dos serviços descentralizados do Estado no departamento, o prefeito desempenha igualmente um papel determinante na conclusão de acordos e convenções celebrados em nome do Estado com os municípios. [119]Assegura a boa aplicação das leis pelos municípios e garante a boa utilização dos serviços descentralizados do Estado. Para além da reforma ocorrida em 12 de novembro de 2008, o quadro regulamentar da sua intervenção está a ser desenvolvido através dos decretos relativos às transferências e dos despachos que estabelecem o caderno de encargos, nomeadamente em termos de acompanhamento e avaliação do exercício efetivo das competências pelos municípios.

---

[119]Landry Ngono TSIMI, *op. cit*, p. 8

Nos termos das leis de descentralização de julho de 2004, o Sous-Préfet não é uma autoridade de controlo do Estado sobre as comunas. No entanto, enquanto representante do Estado ao nível do distrito em cujo território a comuna se insere, esta autoridade administrativa, que depende do prefeito, está mais próxima da comuna. Esta proximidade permite ao Estado coordenar melhor as acções levadas a cabo pelas comunas no âmbito da sua missão de melhorar o nível e o ambiente de vida da população. O apoio prestado por esta autoridade administrativa revelou-se sempre indispensável em vários aspectos. É o caso, nomeadamente, da cobrança de impostos e taxas e do exercício do policiamento municipal. Este apoio justifica-se ainda mais tendo em conta as suas responsabilidades em matéria de desenvolvimento económico da sua circunscrição administrativa.

No âmbito do exercício das competências transferidas pelo Estado para os municípios, os serviços descentralizados do Estado devem prestar-lhes o apoio e a assistência técnica necessários à construção de obras e à execução de actividades conexas, assegurando o cumprimento das normas em vigor.

Os decretos que fixam as condições de exercício destas competências, bem como os cadernos de encargos que especificam as condições técnicas, prevêem que estes serviços elaborem um relatório semestral sobre a execução das competências transferidas.

Este apoio e assistência técnica são tanto mais necessários quanto algumas das competências transferidas para os municípios e as comunidades urbanas são de carácter altamente técnico e requerem recursos humanos qualificados para a sua execução, de que as autoridades locais em causa nem sempre dispõem. Apenas os serviços descentralizados do Estado dispõem de tais recursos para determinadas matérias.

B - ACTORES LOCAIS

[120]As colectividades locais descentralizadas estruturam-se em torno de dois órgãos essenciais, o executivo e o deliberativo. Juridicamente, estes órgãos são eleitos por sufrágio universal direto para os conselheiros municipais que, por sua vez, elegem de entre si os presidentes de câmara e os seus suplentes.

O conjunto dos conselheiros municipais constitui o conselho municipal, que é o órgão deliberativo do município. Para assegurar o seu bom funcionamento, a criação de comissões no seu seio rege-se pelas disposições do decreto n.º 2008/0752/PM, de 24 de abril de 2008, que especifica determinados procedimentos de organização e funcionamento dos órgãos deliberativos e executivos da comuna, da comunidade urbana e do sindicato de comunas.

Os magistrados municipais, que são os presidentes das câmaras municipais e os presidentes das assembleias municipais, representam o município ou a comunidade urbana, consoante o caso, em matéria civil e jurídica.

A nível municipal, o presidente da câmara e os seus adjuntos constituem o executivo municipal. [121]São eleitos pelos conselheiros municipais para o mesmo mandato que a assembleia municipal. O Presidente da Câmara é eleito por maioria uninominal em duas voltas. [122]Após a eleição do Presidente da Câmara, os vice-presidentes são eleitos por representação proporcional com base no voto médio mais elevado.

---

[120] República dos Camarões, *Código Geral dos CTD*, Título III, p. 42 - 47.
[121]*Ibid.*
[122]*Ibid.*

É de salientar que a eleição do presidente da câmara e dos vice-presidentes da câmara pode ser objeto de um recurso de anulação, em conformidade com as regras previstas pela legislação em vigor para a anulação da eleição dos conselheiros municipais. [123]A título de exemplo, as eleições autárquicas de 2007 deram à Câmara Administrativa do Tribunal Supremo a oportunidade de se pronunciar sobre a eleição dos presidentes das câmaras municipais dos municípios de Biyouha e Mbanga . Este último caso foi definitivamente anulado, pelo que teve de ser organizada uma nova eleição.

Além disso, os conselheiros regionais foram eleitos pela primeira vez nos Camarões em 6 de dezembro de 2020. Além disso, o Decreto n.º 2021/043 de 25 de janeiro de 2021 nomeou os Secretários-Gerais dos Conselhos Regionais.

SECÇÃO II: ORGANISMOS RESPONSÁVEIS PELO ACOMPANHAMENTO, APOIO E CONTROLO DA DESCENTRALIZAÇÃO

A realização do processo de descentralização nos Camarões exige igualmente a participação de outras instituições não menos importantes do que as acima mencionadas. Por conseguinte, o objetivo aqui é destacar, em primeiro lugar, os organismos responsáveis pelo acompanhamento da descentralização (ponto I), seguidos dos organismos responsáveis pelo apoio e controlo (ponto II).

[123]Landry Ngono TSIMI, *op. cit, p.* 10

PARÁGRAFO I: ORGANISMOS DE CONTROLO

O Título V, artigos 78º e 79º da Lei-Quadro relativa à Descentralização estabelece dois (2) órgãos de controlo: o Conselho Nacional de Descentralização e o Comité Interministerial dos Serviços Locais.

A- O CONSELHO NACIONAL DE DESCENTRALIZAÇÃO

O Conselho Nacional de Descentralização é o órgão responsável pelo controlo e avaliação da execução da descentralização. A sua organização e funcionamento estão definidos no decreto n.º 2008/013, de 17 de janeiro de 2008, do Presidente da República.

Presidido pelo Primeiro-Ministro, Chefe do Governo, este órgão é composto por vinte e dois (22) membros estatutários, incluindo os membros do Governo abrangidos pela transferência de poderes, dois (02) senadores, dois (02) deputados e dois (02) representantes do Conselho Económico e Social. O Presidente do Conselho pode convidar qualquer outra pessoa com experiência nos assuntos em pauta.

O projeto abre agora a composição do Conselho aos representantes dos municípios, das comunidades urbanas e das regiões.

[124]O Conselho apresenta anualmente ao Presidente da República um relatório sobre a situação da descentralização e o funcionamento dos serviços locais. [125]Além disso, emite pareceres e formula recomendações sobre o programa anual de transferência de competências e recursos para as colectividades locais descentralizadas, bem como sobre as modalidades e condições dessas transferências.

Para o exercício das suas funções, o Conselho Nacional de Descentralização dispõe de um Secretariado Permanente, cuja composição e procedimentos de organização e funcionamento são

[124]Landry Ngono TSIMI, *op. cit, p.* 10.
[125]*Ibid.*

definidos por despacho do Primeiro-Ministro. Para o efeito, em 12 de fevereiro de 2008, o Chefe do Governo assinou o Despacho n.º 022/CAB/PM que estabelece a composição e especifica as modalidades de organização e funcionamento do referido secretariado. O Secretariado Permanente, que é coordenado por um Secretário Permanente, realiza reuniões periódicas nas quais são discutidas questões relacionadas com a preparação das sessões do Conselho.

Conselho. A sua composição fornece uma panorâmica da evolução do processo de descentralização.

Desde 2008, data da sua criação, realizou várias reuniões, por vezes com a participação de outros departamentos ministeriais que não são membros estatutários, de parceiros de desenvolvimento e das agências de desenvolvimento francesa e alemã. Além disso, organizou vários seminários e workshops para os seus membros, com o objetivo de reforçar as suas capacidades de execução da descentralização e de acompanhamento da transferência de competências e recursos.

B- O COMITÉ INTERMINISTERIAL PARA OS SERVIÇOS LOCAIS

O Comité Interministerial dos Serviços Locais é o órgão consultivo interministerial colocado sob a autoridade do Ministro responsável pela descentralização. [126]A sua missão consiste em preparar e acompanhar a transferência de competências e de recursos para as colectividades locais descentralizadas, tal como decidido pelos serviços ministeriais competentes.

Em conformidade com o disposto no Decreto n.º 2008-014, de 17 de janeiro de 2008, que estabelece a organização e o funcionamento deste

[126]*Ibid.*

órgão, este reuniu-se várias vezes desde junho de 2008, data da sua primeira sessão.

[127]Para o desempenho das suas funções, o Comité Interministerial dos Serviços Locais dispõe de um Secretariado Técnico Permanente coordenado pelo Diretor responsável pelas autoridades locais descentralizadas.

O Secretariado Técnico Permanente é responsável por

- receber, registar e distribuir o correio das comissões;
- envio de correspondência da comissão;
- assegurar o secretariado das reuniões dos comités;
- preparar os dossiers a submeter à apreciação do Comité e do Conselho Nacional de Descentralização;
- acompanhar e avaliar a aplicação das orientações e recomendações do Comité;
- preparar os relatórios de atividade e os programas de ação do comité;
- zelar pelos documentos e arquivos do Comité;
- executar quaisquer outras tarefas que lhe sejam confiadas pelo Comité.

PONTO II: ORGANISMOS RESPONSÁVEIS PELO APOIO E CONTROLO

O carácter delicado do processo de descentralização obrigou os poderes públicos a criarem instituições específicas cuja missão geral é apoiar os actores envolvidos no processo. Além disso, as colectividades locais não podem escapar às técnicas e aos órgãos de controlo tradicionais.

A- INSTITUIÇÕES DE APOIO

[127]Landry Ngono TSIMI, *op. cit*, p. 11.

O apoio aos actores da descentralização é uma necessidade que os poderes públicos souberam tornar realidade. De facto, o panorama institucional da descentralização nos Camarões inclui muitos organismos que apoiam os actores da descentralização de uma forma ou de outra. [128]Os três principais são o Fonds Spécial d'Equipement et d'Intervention Intercommunale (FEICOM), o antigo Centre de Formation pour l'AdministrationMunicipale CEFAM, atualmente a Ecole Nationale d'Administration Locale (NASLA), e o Programme National de Développement Participatif (PNDP).

O FEICOM é um Estabelecimento Público Administrativo, dotado de personalidade jurídica e autonomia financeira, criado pela lei n.º 74/23 de 5 de dezembro de 1974, relativa à organização dos municípios, num contexto político e económico particular, marcado pela reforma constitucional de 1972 e pela crise económica mundial provocada pela crise petrolífera de 1973, que se traduziu numa degradação das receitas do Estado e, por conseguinte, dos municípios. A sua organização foi posteriormente especificada por um decreto de 25 de março de 1977. [129]Desde o início, a estratégia da FEICOM assenta em três pilares principais: :

- a colocação em comum dos recursos humanos, colocando à disposição de todas as comunas recursos humanos qualificados para apoiar os eleitos locais na elaboração e na execução dos projectos;
- a colocação em comum de recursos técnicos, disponibilizando equipamentos de engenharia civil aos municípios agrupados num sindicato;

[128]Landry Ngono TSIMI, *op. cit, p.* 11.

[129]Landry Ngono TSIMI, *Ibid,* p. 12.

- reunir recursos financeiros através da gestão de fundos comuns para financiar projectos municipais e intermunicipais.
- As três missões da FEICOM aquando da sua criação ilustram esta visão dos poderes públicos. Trata-se de :
- assistência mútua entre municípios através de contribuições de solidariedade e de adiantamentos em dinheiro;
- financiamento de projectos de investimento comunais ou intercomunais;
- a cobertura das despesas de formação dos funcionários municipais e dos conservadores do registo civil. A partir de 1998, foi acrescentada uma quarta missão, a saber, "a centralização e a redistribuição das taxas municipais suplementares". Para fazer face aos novos desafios colocados pela aceleração do processo de descentralização, a FEICOM iniciou, em 2005, um processo de reestruturação que levou o Presidente da República a assinar, em 31 de maio de 2006, um decreto de reorganização do organismo público. Além disso, nos termos do Decreto n.º 2009/248, de 5 de agosto de 2009, que estabelece os termos e condições de distribuição da Subvenção Geral de Descentralização, o FEICOM é responsável por colocar à disposição das comunas, sindicatos de comunas e comunidades urbanas beneficiárias as partes correspondentes da referida Subvenção instituída pelo artigo 23.º da Lei-Quadro da Descentralização, de 22 de julho de 2004. De igual modo, a Lei da Tributação Local, de 15 de dezembro de 2009, atribui-lhe a centralização e o reembolso às Comunas e Comunidades Urbanas dos impostos e taxas sujeitos a perequação.

Situado em Buea, na região sudoeste, o CEFAM é um estabelecimento de formação de pessoal municipal e de eleitos locais, criado pelo Estado em 1977 e nacionalizado em 2020, passando a designar-se por École Nationale d'Administration Locale (NASLA) pelo decreto n.º 2020/111 de 2 de março de 2020. Este estabelecimento público, dotado de

personalidade jurídica e de autonomia financeira e colocado sob a tutela do Ministro responsável pela descentralização, foi criado para assegurar a formação, o aperfeiçoamento e a reciclagem do pessoal administrativo e técnico das comunas, das uniões de comunas e dos estabelecimentos comunais, bem como do pessoal encarregado do controlo das comunas e do pessoal encarregado do estado civil. O CEFAM oferece três (3) cursos:
- Ciclo I, destinado a formar quadros da administração municipal;
- Ciclo II, destinado à formação do pessoal das autarquias locais;
- Ciclo III, destinado à formação contínua e à reciclagem do pessoal das autarquias locais.

Para o efeito, a instituição participou, juntamente com outros departamentos governamentais, na organização de numerosos colóquios, seminários e workshops que contribuíram para o reforço das capacidades dos magistrados e dos funcionários municipais, bem como de outros intervenientes no processo de descentralização.

[130]Criado em 2004, o PNDP é um programa multi-doadores destinado a ajudar o governo dos Camarões a promover o crescimento e a criação de emprego para o desenvolvimento sustentável das comunidades rurais. [131]O seu objetivo é definir e aplicar mecanismos de responsabilização das comunas e das suas comunidades de base, para que estas possam tomar a seu cargo o seu próprio desenvolvimento, no âmbito de um processo progressivo de descentralização. O PNDP foi concebido em três fases, cada uma com a duração de quatro anos. A primeira fase, lançada em 2004, terminou em 2009 e incluiu 155 comunas nas seis regiões de Adamaoua, Centro, Extremo-Norte, Noroeste e Sul. A segunda fase

[130]www.pndp.org visitado em 24 de janeiro de 2021 entre as 17 e as 18 horas.
[131]*Ibid.*

abrangeu todas as 10 regiões e 329 comunas, tendo sido oficialmente lançada em 29 de janeiro de 2010. ème A fase 3 abrange todas as comunas, incluindo as comunas dos arrondissement.

B - ORGANISMOS DE CONTROLO

Muitas instituições estão envolvidas na aplicação eficaz e eficiente da descentralização e, mais especificamente, no exercício das competências transferidas, através de controlos técnicos. [132]É o caso do Contrôle Supérieur de l'Etat e das estruturas técnicas de certos departamentos ministeriais.

Auditoria Superior do Estado De acordo com o disposto no Decreto n.º 2005/374, de 11 de outubro de 2005, que organiza os serviços do

São diretamente responsáveis perante o Presidente da República, de quem recebem instruções e a quem prestam contas.

Esta instituição suprema de controlo das finanças públicas dos Camarões é colocada sob a direção de um Ministro Delegado junto da Presidência da República. É responsável pela auditoria externa. As suas missões incluem

- Auditoria, a alto nível, dos serviços públicos, dos estabelecimentos públicos, das colectividades locais descentralizadas e dos seus estabelecimentos, das empresas públicas e semi-públicas, e controlo da execução do orçamento do Estado;
- acompanhamento da execução de projectos financiados por fundos externos;
- avaliação de projectos e programas ;
- apoio técnico, metodológico e pedagógico no domínio do controlo e da auditoria da gestão do património público;

[132]Landry Ngono TSIMI, *op. cit, p.* 13.

O Ministro Delegado CONSUPE preside à Instituição Superior de Controlo das Finanças Públicas: o Conselho de Disciplina Orçamental e Financeira. Nos termos do decreto n.º 2008/028 de 17 de janeiro de 2008, que regula o seu funcionamento, este órgão não judicial sanciona as irregularidades e má gestão cometidas pelos Presidentes de Câmara e Delegados do Governo no exercício das suas funções.

Controlos efectuados pelo ministro responsável pelas autarquias locais

O organigrama do Ministério responsável pela CTD dotou este departamento ministerial de duas (02) estruturas técnicas especificamente responsáveis pelo controlo da CTD. [133]São elas a Inspeção-Geral Descentralizada e a Brigada de Controlo.

O controlo jurisdicional das colectividades locais descentralizadas é exercido principalmente pelos tribunais, no âmbito da criação ou do funcionamento dos órgãos municipais. Dado que a descentralização está consagrada na lei fundamental, estes tribunais estão habilitados pela Constituição, pelas leis de organização judiciária e pelo Código Geral das Autarquias Locais a controlar os actos emitidos pelas autarquias. [134]São eles

- tribunais administrativos ;
- dos Tribunais de Contas.

[135]Além das instituições supracitadas, existem os tribunais administrativos, constituídos pelos tribunais administrativos e pela câmara administrativa, que exercem um controlo variável sobre a criação e o

[133] Recorde-se que, no tempo do antigo Ministério da Administração do Território e da Descentralização, este controlo era efectuado pela Inspeção-Geral responsável pelos CTD, mas com a criação do Ministério da Descentralização e do Desenvolvimento Local, o controlo passou a ser efectuado de forma específica pelas respectivas direcções, de acordo com as suas competências.
[134]Landry Ngono TSIMI, *op. cit, p.* 13.
[135]*Ibid.*

funcionamento dos organismos municipais, no âmbito da gestão dos litígios.

Do mesmo modo, a lei sobre a fiscalidade local, de 15 de dezembro de 2009, confia-lhe a centralização e a transferência para as comunas e comunidades urbanas dos impostos e taxas sujeitos a perequação. Os litígios relativos à eleição dos conselheiros municipais são julgados em primeira instância pelos tribunais administrativos e, em caso de recurso, pela secção administrativa do Supremo Tribunal. O mesmo tribunal administrativo é competente para conhecer dos litígios decorrentes da eleição do presidente da câmara e dos seus suplentes, nos termos da lei n.º 92/003 de 14 de agosto de 1992 que fixa as condições de eleição dos conselheiros municipais, alterada e completada pela lei n.º 2006/010 de 29 de dezembro de 2006. No entanto, enquanto se aguarda a criação de tribunais administrativos, a secção administrativa do Supremo Tribunal de Justiça trata atualmente dos litígios administrativos.

[136]Seguindo o exemplo da ordem administrativa, os tribunais de contas incluem, por um lado, a Câmara de Contas do Supremo Tribunal, que é o órgão de cúpula neste domínio, e, por outro, os tribunais de contas inferiores .

Nos termos da Lei n.º 2003/005, de 21 de abril de 2003, que estabelece as competências, a organização e o funcionamento da Câmara de Contas do Supremo Tribunal de Justiça, esta é competente para fiscalizar e pronunciar-se sobre "as contas ou documentos que as substituam dos revisores oficiais de contas de facto ou de direito":

- o Estado e os seus organismos públicos ;
- autoridades locais descentralizadas ;

---

[136]Landry Ngono TSIMI, *op. cit, p.* 14.

- empresas do sector público e semi-público".

Esta disposição faz da Chambre des Comptes, juntamente com as suas instâncias inferiores, o garante da ortodoxia financeira e orçamental nos municípios e nas regiões. No entanto, convém sublinhar que, a menos que tenham interferido na gestão dos fundos, os gestores orçamentais não são afectados. Estes regem-se pelas disposições da lei n° 74/018 de 5 de dezembro de 1974 relativa ao controlo dos gestores orçamentais, dos gestores e dos administradores de fundos públicos, alterada e completada pela lei n° 76/4 de 8 de julho de 1976.

Esta exclusão deve-se ao facto de o legislador não pretender que o juiz de contas possa, a coberto de um controlo de regularidade, que é, por conseguinte, puramente técnico, entrar no controlo político dos actos dos eleitos locais.

Na aceção do n.º 2 do artigo 5.º da referida Lei n.º 2003/005, de 21 de abril de 2003, apenas estão em causa

- Contabilistas de tesouraria ;
- contabilistas imobiliários ;
- os colectores municipais, na medida em que as receitas municipais sejam geridas por pessoas que não sejam contabilistas do Tesouro;
- contabilistas subordinados e todos os designados como tal.

A Chambre des Comptes está organizada em secções, uma das quais é especificamente responsável pela "fiscalização e julgamento dos contabilistas das autarquias locais descentralizadas, no âmbito das competências atribuídas aos tribunais de contas inferiores".[137]

Em conclusão, a construção e a realização do processo de descentralização nos Camarões envolvem vários actores, todos com a mesma importância

[137] *Ibid.*

e cujos papéis se distribuem de forma específica. No topo desta cadeia, encontram-se os actores centrais e descentralizados, que representam o controlo do Estado sobre os actores locais, que estão no centro da implementação; a vertente técnica é assegurada por instituições especializadas responsáveis pelo acompanhamento, por um lado, e pelo controlo e apoio, por outro. Após esta análise minuciosa do quadro institucional e jurídico do processo de descentralização nos Camarões, convém agora passar ao estudo do nosso caso específico, a fim de avaliar em que medida certos CDT se inscrevem nas dinâmicas acima ilustradas.

PARTE II: A COMUNA DE YAOUNDE NO ARRONDISSEMENT DE YAOUNDE II FACE À DESCENTRALIZAÇÃO: ENTRE O DESENVOLVIMENTO LOCAL E A COOPERAÇÃO INTERNACIONAL

Tendo sido dado o impulso pelo Estado central, espera-se que os CTDs em geral, e as comunas em particular, sejam doravante actores principais do desenvolvimento, ao mesmo tempo que se enquadram no quadro jurídico-institucional acima descrito. O objetivo da nossa investigação é portanto avaliar a adequação das comunas camaronesas ao processo de reforço da descentralização. Esta secção centrarseá portanto no nosso quadro de estudo, a Commune d'Arrondissement de Yaoundé II. Para o efeito, o primeiro capítulo faz uma espécie de apresentação geral ou monografia da estrutura que é objeto do nosso estudo (Capítulo III), depois o segundo avalia a implementação das diferentes políticas de desenvolvimento local e de cooperação internacional (Capítulo IV), cujo grau de eficácia é um indicador da ancoragem da estrutura no processo de descentralização.

<u>CAPÍTULO III</u>: APRESENTAÇÃO DO QUADRO DE ESTUDO: MONOGRAFIA SOBRE O BAIRRO COMUNAL DE YAOUNDÉ II

[138]A Comuna de Yaoundé 2 foi criada pelo Decreto Presidencial n.*º* *87/1365 de 25 de setembro de 1987*, mas só começou a funcionar em agosto de 1988 . [139]A atual Commune d'Arrondissement de Yaoundé II sofreu várias alterações: primeiro, quando foi criada, passou a ser a Commune de Yaoundé II, de acordo com o decreto supracitado, depois a Commune Urbaine de Yaoundé, pelo decreto n.*º* *93/321 de 25 de novembro de 1993*, e atualmente a Commune d'Arrondissement de Yaoundé II, após a sua dissolução, que viu nascer, paralelamente, a Commune d'Arrondissement de Yaoundé VII . Atualmente, a Commune d'Arrondissement de Yaoundé 2 (CAY2) é uma das sete Communes d'Arrondissement da cidade de Yaoundé, capital política dos Camarões. Abrange uma área de 22 km². [èmeème]Situada entre 45 graus de latitude norte e 15 graus de latitude sul, a comuna do distrito de Yaoundé 2, cuja Câmara Municipal se situa no bairro de Tsinga, é considerada a porta de entrada e de saída dos Camarões para todas as personalidades mundiais que passam ou visitam o país, graças à sua proximidade do Palácio Presidencial (Palais de l'Unité). Este estatuto de porta de entrada é ainda reforçado pela presença do sumptuoso Palais des Congrès, o local por excelência das reuniões nacionais e internacionais realizadas nos Camarões. Este capítulo começará com uma apresentação dos aspectos geográficos e socioeconómicos da Comuna do Distrito de Yaoundé II (Secção I), seguida de um destaque das missões, operações e recursos da Comuna do Distrito de Yaoundé II (Secção II).

---

[138] CAYII, documento *de apresentação do CAYII*, versão revista e atualizada, dezembro de 2020, p. 1
[139]*Ibid.*

SECÇÃO I: ASPECTOS GEOGRÁFICOS E SOCIOECONÓMICOS DO MUNICÍPIO DO DISTRITO DE YAOUNDÉ II

Nesta secção, vamos centrar-nos nos aspectos geográficos (ponto I) e socioeconómicos (ponto II) do Arrondissement da Comuna de Yaoundé II.

PARÁGRAFO I: ASPECTOS GEOGRÁFICOS DO ARRONDISSEMENT DE YAOUNDÉ II

Nesta secção, vamos concentrar-nos em apresentar a topografia e o clima do município do distrito de Yaoundé II, bem como os seus limites geográficos.

A - CLIMA E TOPOGRAFIA

[140]A Commune d'Arrondissement de Yaoundé 2, situada a cerca de 270 km do Oceano Atlântico, apresenta um relevo dominado por montanhas, das quais as mais notáveis são :

- O Monte Mbankolo orgulha-se de ter o grande Auditório João Paulo II, um local de oração, meditação e despertar espiritual;
- Mont Fébé, com o hotel Mont Fébé, muito apreciado pelo seu campo de golfe - o único em Yaoundé - e o mosteiro beneditino;
- O Mont Messa, cujo estatuto de zona verde acaba de ser reafirmado pelo Governo, está empenhado em explorar os seus múltiplos trunfos;
- NkolNyada, no topo do qual se encontra o majestoso Centro de Convenções de Yaoundé. Yaoundé 2 é uma comuna urbana com uma zona rural que cobre cerca de 15% da sua superfície.

[140] CAYII, *op. cit*, p.2

[141]O clima é equatorial, com duas estações chuvosas e duas estações secas, cuja alternância foi muito perturbada ao longo do tempo, daí a designação de clima equatorial "Yaoundé" .

B - DELIMITAÇÃO GEOGRÁFICA

CAY2 é limitado:

- a norte e noroeste pelo CAY1 ;
- a sul pelo CAY6 ;
- a sudoeste e a sudeste pela CAY7; a leste pela CAY3

PONTO II: ASPECTOS SOCIOECONÓMICOS DO MUNICÍPIO DO DISTRITO DE YAOUNDÉ II

Nesta secção, apresentamos em primeiro lugar a configuração demográfica do Arrondissement da Comuna de Yaoundé II e, em seguida, ilustramos as dinâmicas infra-estruturais e económicas locais.

A - PERFIL DEMOGRÁFICO DO MUNICÍPIO

Demograficamente, o CAY2 é um município cosmopolita, caracterizado por uma coabitação pacífica entre as suas populações, apesar das suas origens diversas. [142]A sua população está estimada em pouco mais de 238.927 habitantes, segundo o recenseamento geral da população de 2005, e distribui-se pelos 29 bairros do seu município, como mostra o quadro seguinte:

Quadro 1: Lista dos diferentes distritos do Arrondissement da Comuna de Yaoundé II

[141] *Ibid.*
[142] CAY II, *Ibid*, p. 3

1	AZEGUE	16	ANGONO, DOUMASSI, PLANALTO
2	FEBE	17	CITE VERTE CAMP SIC
3	GRANDE MESSA E MESSA ADMINISTRATIVA	18	EKOUDOU A
4	MADAGÁSCAR A (CAMP SIC)	19	BRIQUETERIE A
5	MADAGÁSCAR B (TONEAU)	20	BRIQUETERIE B
6	MESSA-MEZALA	21	EKOAZON, NKOABA'A
7	CAMINHOS DE MOKOLO	22	TSINGA 2
8	DISTRITO DE MOKOLO A	23	MONT MESSA 3
9	MOKOLO DISTRITO B	24	TSINGA 1
10	NKOMKANA 1 E 3	25	MONT MESSA 1B
11	NKOMKANA 2	26	MONT MESSA 2
12	NTOUGOU 2 A	27	CITE VERTE SUD
13	NTOUGOU 2 B	28	MONT MESSA 1A
14	NTOUGOU I	29	EKOUDOU B
15	OLIGA		

(Fonte: Documento de apresentação do CAYII, p. 3-4)

B - INFRA-ESTRUTURAS LOCAIS E DINÂMICA ECONÓMICA

Em Yaoundé II, existe a mesquita de Tsinga (a maior e mais movimentada de Yaoundé), as célebres missões católicas (Tsinga, Mokolo, Auditório Jean Paul II), as igrejas protestantes e outras igrejas revivalistas. No domínio da saúde, a nossa comuna dispõe de várias estruturas sanitárias, embora não tenha uma estrutura própria. Os principais são o Hospital Central de Yaoundé, o maior do país, e o Hospital Distrital de Cité Verte. No entanto, o município é responsável pela construção de um centro de saúde integrado para um dos seus distritos. Neste caso, a Briqueterie. O município depara-se com numerosas dificuldades para realizar a obra. Pior ainda, está a enfrentar a questão real do seu equipamento (mobiliário, material hospitalar completo). A atividade económica da CAY2 baseia-se nos serviços, no comércio, no pequeno comércio e no artesanato. A este respeito, é de salientar que a CAY2 acolhe o mercado de Mokolo, o maior da cidade de Yaoundé. Existe também um mercado de artesanato em Tsinga. [143]Apesar de todos estes pontos positivos, o sector informal continua a representar mais de 70% da atividade económica. Desde 2010, o Conselho Distrital de Yaoundé 2 é responsável pelo ensino básico, graças à aplicação da lei de descentralização. Na maior parte dos casos, estas competências não são acompanhadas dos recursos necessários para as implementar. Como resultado, o município herdou um mapa escolar com uma face totalmente degradada, caracterizado por escolas em estado de total degradação e com falta de tudo. Esta situação é tanto mais preocupante quanto este tipo de ensino é gratuito. Quanto à integração dos jovens nos circuitos produtivos,

[143] CAYII, *Ibid*, p. 4

o problema da falta de formação profissional é um verdadeiro travão à qualificação e ao autoemprego.

SECÇÃO II: PRINCIPAIS TAREFAS, OPERAÇÕES E RECURSOS DA CÂMARA MUNICIPAL DE YAOUNDÉ II

Nesta secção, começamos por apresentar o funcionamento do Arrondissement de Yaoundé II (ponto I) e, em seguida, analisamos a sua política de desenvolvimento (ponto II).

PARAGRAPHI: FUNCIONAMENTO DO MUNICÍPIO DE YAOUNDE II ARRONDISSEMENT

Nesta secção, centrar-nos-emos na apresentação do executivo municipal e dos outros serviços da Comuna, bem como nos diferentes recursos da Comuna.

A - O EXECUTIVO MUNICIPAL E OS OUTROS SERVIÇOS MUNICIPAIS

O órgão deliberativo do CAY2 é o Conselho Municipal, composto por 41 conselheiros, incluindo o executivo municipal (o presidente da câmara e os seus 04 adjuntos) eleitos pelo conselho e 05 conselheiros superiores nomeados pelo presidente da câmara, que fazem igualmente parte do Conselho Comunitário (órgão deliberativo da Comunidade Urbana de Yaoundé).

O Conselho Municipal dispõe de quatro comissões para o exercício das suas funções:

- O Comité Financeiro ;

- Comité de Projectos e Cooperação ;
- A Comissão dos Assuntos Sociais ;
- A Comissão de Infra-estruturas e Obras Públicas.

A gestão quotidiana do CAY2 é assegurada pelo executivo municipal liderado pelo Presidente da Câmara, pelos seus 04 adjuntos e por todos os serviços.

O organigrama da Câmara Municipal, sede do CAY2, inclui os seguintes elementos principais

- O executivo municipal e os seus serviços anexos (presidente da câmara, vice-presidentes da câmara, unidade de comunicação, unidade de apoio ao desenvolvimento local e à cooperação descentralizada, gabinete do presidente da câmara, contabilidade e serviço de contabilidade);
- O Secretariado-Geral, que inclui os outros serviços;
- La Recette Municipale.

B - OS DIFERENTES RECURSOS DO MUNICÍPIO

Foram mobilizados vários tipos de recursos para a execução e o funcionamento dos CAD:

Para além do seu envolvimento pessoal através dos seus fundos próprios, a Comuna recebeu um forte apoio financeiro, técnico, material e humano dos seus parceiros: MINDUH (emprego dos jovens, diversas formações e doação de uma unidade de fabrico de pedra de calçada), MINSANTE (luta contra os vectores e a cólera), CUY (cedência de um terreno de 3.000m² para a construção da Câmara Municipal e subsídio para a conclusão da obra, bem como outros apoios multifacetados), CREPA Cameroun e CAWST, uma ONG sediada no Canadá (purificação da água ao domicílio, divulgação de tecnologias de baixo custo), as ONG ASSEJA, [144]ASSOAL (sensibilização, formação, projectos de desenvolvimento dos bairros, financiamento e apoio à execução dos projectos), a Câmara Municipal de Colombes em França (construção de uma mini-rede autónoma de abastecimento de água potável por gravidade com 13 fontes comunitárias espalhadas pelo bairro de Messa-Carrière, instalação de uma rede de esgotos, intercâmbios culturais e desportivos) ;

<u>PONTO II</u>: A POLÍTICA DE DESENVOLVIMENTO DA COMUNA DO DISTRITO DE YAOUNDÉ II

Nesta secção, destacaremos as várias actividades do município e as formas de implementação dos principais eixos da sua política.

A - PRINCIPAIS ACTIVIDADES DA COMUNA DE YAOUNDÉ II

O CAY2, cuja principal missão é assegurar o bem-estar da sua população, é, por conseguinte, o motor do desenvolvimento de base. Para o efeito, para além das suas funções regulares de registo civil, o CAY2, através do seu executivo, empenhou-se resolutamente em vários projectos, cuja importância e impacto já começam a distingui-lo das suas comunas irmãs.

[145]As principais linhas de ação da Comuna de Yaoundé II são :

- Higiene e limpeza (a quarta-feira foi declarada dia de limpeza em toda a Comuna);

[144] CAY II, *Ibid*, p. 7
[145] CAYII, *Ibid*, p. 6

- Controlo vetorial ;
- Desenvolver o trabalho independente;
- Emprego dos jovens, em que a elevada intensidade de mão de obra já deixou a sua marca através de realizações visíveis e apreciáveis;
- Informação, sensibilização e formação do público;
- Desenvolvimento das infra-estruturas de base ;
- Engenharia social ;
- Apoiar as pessoas ;
- O orçamento participativo ;
- Cooperação descentralizada e desenvolvimento local.

B - A POLÍTICA DE REALIZAÇÃO DOS GRANDES EIXOS

[146]Tendo em conta os recursos limitados disponíveis, o executivo do CAY desenvolveu determinadas políticas:

- A criação de uma unidade de apoio ao desenvolvimento local e à cooperação descentralizada no seio do município, dirigida por um engenheiro com experiência em matéria de desenvolvimento e de cooperação. Esta unidade é o ponto de referência para o desenvolvimento da política do executivo municipal e serve de ponto de contacto com todos os potenciais parceiros do município;
- A criação de Comités Comunitários e de Desenvolvimento (CAD), com um CAD por bairro. Os CAD aproximam a Comuna dos seus habitantes. São os centros de ligação da Comuna nos bairros. Estão estruturados em torno de um conselho de administração nomeado

[146] CAY II, *Ibid.* p. 6

pelos próprios habitantes e pelos conselheiros, incluindo o chefe de bairro, os chefes de quarteirão e os conselheiros municipais residentes em cada bairro.

Sob a coordenação da Câmara Municipal, os CAD são responsáveis pela execução de projectos de desenvolvimento nos bairros, pelo controlo das massas, pela informação da população e da Câmara Municipal e pelo desenvolvimento de parcerias nos bairros com ONG e outras organizações parceiras.

- O desenvolvimento da cooperação interna. A este respeito, graças à ajuda financeira do Fonds d'Aide Intercommunale (FEICOM), iniciámos os trabalhos de construção da nossa Câmara Municipal, que estará concluída em junho de 2012. Além disso, graças à parceria com as nossas ONG locais (ASSEJA, ASSOAL, etc.), realizámos até agora um pouco mais de 25 projectos e conduzimos mais de 30 seminários e workshops de formação em benefício das nossas comunidades. O Ministério da Saúde Pública e o Ministério do Desenvolvimento Urbano também nos proporcionaram um projeto de luta contra os vectores no âmbito do programa de saneamento para o primeiro, e uma formação para jovens e facilidades de autoemprego para o segundo.
- O desenvolvimento da cooperação externa. O Centre Régional pour l'Eau Potable et l'Assainissement à faible coût (CREPA), a ONG canadiana CAWST, a Mairie de Colombes em França e o SIAAP em França são exemplos perfeitos disso, embora continuemos a esperar muito destas parcerias.

Em última análise, a Commune d'Arrondissement de Yaoundé II, tendo em conta o dinamismo do seu executivo, é uma das colectividades locais mais dinâmicas da cidade de Yaoundé. Devido à sua posição geográfica e à sua configuração socioeconómica e infraestrutural, é a mais suscetível de dar um impulso considerável ao desenvolvimento da cidade de Yaoundé. A política de desenvolvimento participativo e a diversificação dos parceiros conduziram a um aumento dos recursos da comuna. Contudo, para além de um executivo municipal dinâmico, de um quadro espacial favorável e de recursos relativamente disponíveis, convém agora examinar a aplicação efectiva do desenvolvimento local e da cooperação descentralizada na Comuna de Yaoundé II, a fim de avaliar a sua conformidade com o esforço de reforço da descentralização promovido pelo governo central.

CAPÍTULO IV: O MUNICÍPIO DO DISTRITO DE YAOUNDÉ II E O ENSAIO DE DESENVOLVIMENTO LOCAL E COOPERAÇÃO INTERNACIONAL

[147]A implementação da descentralização nos Camarões oferece novas oportunidades para as autoridades locais promoverem o seu desenvolvimento socioeconómico sem esperar pelo "maná" do governo central. Por seu lado, o CAY 2 é atualmente o motor do desenvolvimento de base do distrito de Yaoundé 2. Para o efeito, foram desenvolvidas várias políticas sob o impulso do executivo municipal. Estas caracterizam-se pela formulação de objectivos de desenvolvimento (secção I) e pela criação e implementação de estruturas de dinamização da economia local (secção II).

SECÇÃO I: FORMULAÇÃO E REALIZAÇÃO DOS OBJECTIVOS DE DESENVOLVIMENTO LOCAL E DE COOPERAÇÃO INTERNACIONAL

Nesta secção, testaremos a eficácia do desenvolvimento local (Secção I) e, em seguida, avaliaremos a pertinência do mecanismo de cooperação descentralizada (Secção II) no seio do Município do Distrito Yaoundé II.

PARÁGRAFO I: A OPERACIONALIZAÇÃO DO DESENVOLVIMENTO LOCAL COMO POLÍTICA EFECTIVA NAS ILHAS CAIMÃO

Nesta secção, a fim de avaliar o nível de operacionalização do desenvolvimento local no CAY II, analisaremos as duas principais estruturas criadas para o efeito, a saber, a unidade de apoio ao

[147]Muriel SAME EKOBO e Olivier IYEBI MANDJEK, *op. cit*, p. 9

desenvolvimento local e à cooperação descentralizada (CADLCD) e os comités de coordenação e desenvolvimento (CAD).

A - CRIAÇÃO DE UMA UNIDADE DE APOIO AO DESENVOLVIMENTO LOCAL E À COOPERAÇÃO DESCENTRALIZADA (CADLCD) NO MUNICÍPIO.

Esta unidade é o ponto focal da política de desenvolvimento do executivo municipal. [148]Apoia o município no processo de descentralização, na criação de projectos e na procura de financiamento. É também a interface com todos os potenciais parceiros do município e é responsável pelo desenvolvimento da cooperação descentralizada do município. O CADLCD é também o ponto de contacto da Câmara Municipal com a população local. É dirigido por um engenheiro com uma grande experiência em matéria de desenvolvimento e de cooperação. Paralelamente, dispomos também de uma unidade de comunicação, que assegura a informação e a sensibilização das populações para as questões essenciais, de um serviço técnico de planeamento e de desenvolvimento urbano e de um serviço de higiene, que também trabalha diariamente para responder aos desafios de desenvolvimento de Yaoundé 2.

B - A CRIAÇÃO DE COMITÉS DE DESENVOLVIMENTO LOCAL (CADS) COMO MODELO DE GOVERNAÇÃO LOCAL.

[149]Com o objetivo de apoiar e envolver a população de Yaoundé 2 na melhoria das suas condições de vida, encontrando ela própria as soluções, o atual executivo municipal criou comités de animação e de desenvolvimento, verdadeiros centros de desenvolvimento nos bairros de Yaoundé II. O objetivo era envolver a população e levá-la a participar nas

[148] CAYII, *op. cit*, p. 8
[149]*Ibid.*

iniciativas de desenvolvimento da comuna. Para Yaoundé 2, o desafio foi sempre o de pôr em prática uma abordagem participativa em todas as acções que o município deve empreender. Para tal, após uma série de visitas no terreno a todos os bairros de Yaoundé 2 em 2007 pelo executivo municipal, acompanhado pelos diferentes serviços municipais e ONG parceiras, para contactar e falar com a população local sobre a sua visão da comuna, foram apresentadas várias queixas ao presidente da câmara:

- Não há projectos de desenvolvimento local em curso;
- Ausência da população nos processos de decisão e nos projectos ou acções da Câmara Municipal;
- Gestão não orientada para os resultados ;
- Os serviços municipais são considerados os carrascos da população em todos os domínios;
- Falta de proximidade entre a Câmara Municipal e a população local ;
- Falta de sensibilização da população para o papel da Comuna;
- Falta de conhecimento do executivo municipal.

[150][151]Em dezembro de 2007, uma resolução do Conselho Municipal autorizando a criação dos CAD foi apresentada ao Conselho pelo Presidente da Câmara e votada por unanimidade pelos conselheiros ; Em abril de 2008, o então Prefeito de Mfoundi, Sr. BETI ASSOMO, procedeu à instalação dos CAD com a distribuição de material de trabalho e de um fundo de funcionamento simbólico ; [152][153]O mês de outubro de 2010 assistiu à implementação efectiva dos 18 planos de desenvolvimento dos bairros de Yaoundé II; da

[150] CAYII, *Ibid*, p. 10
[151] *Ibid*.
[152] *Ibid*.
[153] *Ibid*.

mesma forma, o processo de Orçamento Participativo está em curso desde outubro de 2008 na comuna. Até à data, os CADs formaram uma rede para fazer ouvir melhor a sua voz. A partir de agora, vão poder participar no conselho municipal.

PONTO II: DESENVOLVER A COOPERAÇÃO COM OS PARCEIROS INTERNACIONAIS PARA O DESENVOLVIMENTO

O objetivo desta secção é avaliar a eficácia do dispositivo de cooperação internacional na Comuna do Arrondissement de Yaoundé II, passando em primeiro lugar em revista os diferentes parceiros internacionais da Comuna e, em seguida, destacando as diferentes acções realizadas no âmbito desta cooperação internacional.

A - PARCEIROS INTERNACIONAIS DO ARRONDISSEMENT DE YAOUNDÉ II

[154]No que se refere à cooperação externa, o CAY 2 mantém excelentes relações com a ONG Eau et Assainissement pour l'Afrique (EAA), a ONG canadiana CAWST, a Câmara Municipal de Colombes em França, o SIAAP em França, a Câmara Municipal de Franckental na Alemanha e a Câmara Municipal de BUMBU em Kinshasa. Foram igualmente efectuados numerosos intercâmbios com as estruturas do Banco Mundial.

B - ACÇÕES DE COOPERAÇÃO INTERNACIONAL NAS CAYII

No que se refere à cooperação descentralizada stricto sensu, a cooperação mais significativa até à data foi a que se estabeleceu entre o município de Yaoundé 2 nos Camarões, a Câmara Municipal de Colombes em França e o SIAAP (Syndicat Interdépartemental pour l'Assainissement de

[154] CAYII, *Ibid.* 12

l'Agglomération Parisienne). [155]A cooperação entre estas três partes permitiu a implementação de um projeto de abastecimento de água potável à população de Messa-Carrière, através da instalação de uma captação de água nas encostas do Monte Messa, de um sistema de tratamento natural e orgânico da água, do armazenamento em estruturas de baixo custo (03 tanques de cimento armado, cada um com uma capacidade de 25 m3) e, sobretudo, da distribuição gratuita e permanente por gravidade deste precioso sésamo, que tanta falta fazia à população deste distrito.

[156]A continuação desta cooperação descentralizada deu origem a um segundo projeto, desta vez destinado a aumentar a capacidade de armazenamento de água, a alargar a rede e, sobretudo, a melhorar o saneamento. Os trabalhos deste projeto já começaram. A ênfase é colocada na engenharia social, com o nobre objetivo de garantir que os beneficiários se apropriem do projeto. [157]O comité de gestão local deste grande projeto instituiu uma contribuição de *2.400 francos CFA por agregado familiar, por ano,* como fundo de manutenção do equipamento e, sobretudo, como contribuição pessoal deste distrito para servir de alavanca a contribuições para projectos futuros.

[158]A um nível completamente diferente, a comuna de Yaoundé 2 realiza intercâmbios e partilha de experiências em matéria de governança local com Bourg de Bumbu, uma das comunas da cidade de Kinshasa, na RDC. A tónica é colocada na transferibilidade de uma iniciativa que teve sucesso aqui, em benefício de outras comunas que precisam das melhores fórmulas em termos de abordagens para envolver melhor as suas populações na gestão do bem comum. Depois de todas estas

---

[155]*Ibid.*
[156]*Ibid.*
[157]CAYII,*Ibid*, p.16.
[158] *Ibid.*

considerações, convém também mencionar os limites e algumas perspectivas da política de desenvolvimento local e de cooperação internacional do Conselho Municipal de Yaoundé II.

SECÇÃO II: LIMITES E PERSPECTIVAS DAS POLÍTICAS DE DESENVOLVIMENTO LOCAL E DE COOPERAÇÃO INTERNACIONAL NO ARRONDISSEMENT DE YAOUNDÉ II

A presente secção centrar-se-á nos limites e nas perspectivas das políticas de desenvolvimento local e de cooperação internacional da Comuna de Yaoundé II. Para o efeito, começaremos por salientar as dificuldades associadas à sua execução (ponto I) e, em seguida, analisaremos em que medida a consolidação do que foi alcançado se revela o principal meio de melhorar as perspectivas (ponto II).

PARÁGRAFO I: PRINCIPAIS DIFICULDADES INERENTES ÀS ACÇÕES DA COMUNA DE YAOUNDÉ II EM MATÉRIA DE DESENVOLVIMENTO LOCAL E DE COOPERAÇÃO INTERNACIONAL

No que se refere às dificuldades ligadas à ação do CAJ II em termos de desenvolvimento local e de cooperação internacional, é feita uma distinção entre as dificuldades estruturais ligadas ao CAJ II e as dificuldades externas ao CAJ II.

A - LIMITES ESTRUTURAIS DE CAYII

As dificuldades são múltiplas. [159]Sem sermos exaustivos, podemos mencionar :

[159]*Entrevista com o chefe dos serviços técnicos do CAY II em 20 de junho de 2020*

- Insuficiência de pessoal local para lidar com questões de desenvolvimento e capacidade insuficiente do pessoal existente;
- A falta de equipamento no centro de saúde integrado constitui um sério obstáculo à criação de um seguro de saúde comunitário para as pessoas vulneráveis;
- A necessidade crescente de um ensino básico;
- A falta de qualificações dos gestores dos CAD;
- O próprio município tem um rendimento baixo ;
- A falta de recursos logísticos e materiais afectados aos CAD;
- A unidade de apoio ao desenvolvimento local e à cooperação descentralizada da comuna está mal equipada;

B - LIMITES EXTERNOS DAS CAYII

[160]O principal limite externo à ação do CAYII em matéria de desenvolvimento local e de cooperação internacional é o fraco apoio institucional do governo central, bem como a tímida transferência de competências, que, no entanto, se processa progressivamente. Apesar destas dificuldades, é possível prever um futuro mais risonho para o CAYII, desde que certas condições sejam satisfeitas e certas realizações sejam consolidadas.

[160]Landry MEPUI ABAH, *op. cit*, p.11
[160] Yannick Félix PEGUI, *op. cit*, p. 30

PONTO II: A NECESSIDADE DE PRESERVAR O QUE FOI ALCANÇADO E DE REFORÇAR AS ACÇÕES EMPREENDIDAS

O reforço das acções levadas a cabo pelo Conselho Distrital de Yaoundé II nos domínios do desenvolvimento local e da cooperação internacional só pode ser conseguido através da preservação de certas realizações. Em primeiro lugar, é necessário criar um verdadeiro sistema de engenharia do desenvolvimento local e otimizar as iniciativas anteriores.

A- A NECESSIDADE DE UMA VERDADEIRA ENGENHARIA DE DESENVOLVIMENTO LOCAL

Perante os desafios colocados hoje em dia por numerosas forças externas heterónomas (incluindo a globalização, a atratividade territorial das empresas e dos indivíduos, etc.), os territórios deixaram de ser apenas um quadro espacial mudo, estando agora concentrados na promoção e na popularização do seu tecido socioeconómico. [161]Devem, por conseguinte, trabalhar constantemente para renovar as suas vantagens competitivas. [162]Além disso, devem aumentar o seu potencial de criação de recursos e de competências organizacionais: "*Trata-se de um compromisso de inovação constante, de antecipação em vez de adaptação passiva*". Nos Camarões, em particular, a introdução da descentralização abre novas oportunidades às colectividades locais (comunas, regiões, cidades, etc.) para promoverem o seu desenvolvimento económico, social e cultural. [163]Por seu lado, o distrito de Yaoundé 2, com a sua posição geográfica, densidade e organização económica, deve "seguir *os passos*" desta dinâmica de aptidão que, na "*era das cidades globais*", é imperativa para todos os territórios. Este parece ser, pois, um desafio que se coloca ao

[161]*Ibid.*
[162]*Ibid.*
[163]Yannick Félix PEGUI, *Ibid*, p. 30.

município para implementar uma verdadeira estratégia de desenvolvimento regional. Esta estratégia incidirá em vários domínios, nomeadamente na promoção de incubadoras de empresas e no desenvolvimento de uma verdadeira engenharia de desenvolvimento local. Nomeadamente, através da criação e implementação de estruturas e instrumentos de desenvolvimento local, para além dos já existentes no município. A título de exemplo, sugerimos a criação de um observatório local de estatísticas e de estudos económicos (OLSEE) no seio da Câmara Municipal. Esta estrutura poderia dar um contributo útil para a compreensão da economia local e atuar como um observatório territorial estratégico. Deste modo, poderá fornecer um conjunto de informações necessárias e indispensáveis à ação do executivo municipal, nomeadamente em matéria de promoção da economia local.

B - OUTRAS RECOMENDAÇÕES PARA OPTIMIZAR O TRABALHO DO CONSELHO DISTRITAL DE YAOUNDÉ II

No âmbito de uma abordagem estratégica do desenvolvimento, a Câmara Municipal deve criar mecanismos que permitam aumentar a participação dos actores locais na procura de soluções consensuais para os problemas de desenvolvimento da localidade (através de fóruns, seminários de formação, consultas participativas das populações locais sobre os projectos, etc.). Dar a conhecer as experiências do CAY 2 através do portal Internet e da imprensa local.

Além disso, é necessário melhorar a oferta de infra-estruturas e serviços de base, a fim de tornar a zona mais atractiva do ponto de vista económico, abrir os bairros populares e melhorar o ambiente social.

A necessidade de aumentar o nível de competência do pessoal local e de recrutar pessoal especializado em domínios de atividade específicos, a fim de que a comuna possa tirar partido de todas as potencialidades oferecidas pela descentralização. Com efeito, a criação de um governo local forte e competente é uma condição essencial para o bom funcionamento da comuna. Por último, a importância da criação de estruturas de apoio à criação e à sustentabilidade das empresas (apoio aos microprojectos, políticas de incentivo ao empreendedorismo jovem, etc.). Assim como a importância de aumentar o número de parcerias entre as

Comunicar a nível interno e externo para beneficiar da experiência de certos actores e mobilizar mais recursos.

CONCLUSÃO GERAL

Finalmente, o nosso trabalho intitulava-se: ***"As políticas de desenvolvimento local e a cooperação internacional nas comunas dos Camarões num contexto de reforço da descentralização: o caso da Comuna do Distrito de Yaoundé II"*** e tinha por objetivo analisar o grau de adesão das comunas dos Camarões ao processo de descentralização, que se constrói de forma contínua. Para o efeito, utilizámos a comuna do distrito de Yaoundé II como caso específico. Após uma clarificação concetual que nos permitiu definir com precisão as noções chave do nosso tema, pudemos identificar a questão principal do nosso objeto de estudo, que era **No contexto atual de reforço da descentralização, podemos falar da implementação das políticas de desenvolvimento local e da cooperação internacional na Comuna de Yaoundé II?** A resposta a esta questão levou-nos a dividir a nossa argumentação em quatro capítulos principais com temas relacionados. No primeiro capítulo, passámos em revista a evolução do quadro jurídico da descentralização nos Camarões, enquanto o segundo capítulo se debruçou sobre os diferentes actores implicados neste processo. Enquanto o terceiro capítulo fornece uma monografia sobre o quadro de estudo, o quarto capítulo avalia a eficácia das políticas de desenvolvimento local e de cooperação internacional no Arrondissement da Comuna de Yaoundé II, examinando as diferentes perspectivas. No final da nossa investigação, que se traduziu por um estágio de seis meses no nosso quadro de estudo, pudemos assim entrar em contacto com a realidade atual da administração local. De um modo geral, constatámos que, embora os Camarões tenham feito da descentralização o seu modo oficial de administração territorial desde a adoção da Constituição de 18 de janeiro de 1996, só a partir da promulgação das leis de 2004 é que o quadro jurídico e institucional começou realmente a ser moldado, e a conclusão deste quadro foi conseguida através da promulgação do Código Geral dos CTDs e da criação dos Conselhos Regionais. Quanto ao grau de adesão das colectividades locais a esta dinâmica, a nossa incursão no Conselho de Bairro de Yaoundé II mostra-nos que, embora haja vontade, a falta de meios muitas vezes disponibilizados, bem como a timidez na transferência de competências, podem limitar a ação das colectividades locais. No entanto, para reforçar a ação dos CTD, é necessário preservar certas conquistas e reforçar o apoio do governo central.

BIBLIOGRAFIA

A. Obras gerais

BACHELARD Gaston, *Le nouvel esprit scientifique*, Paris, Les Presses universitaires de

França, 10ª edição, 1968, p. 131.

BEAUD Michel, *L'art de la thèse*, Paris, La Découverte, edição revista, 2006 p. 27.

BECKER Howard, *Les ficelles du métier*, Paris, Guides Repères, La Découverte, 2002,

p.180.

BOURDIEU Pierre, *Propos sur le champ politique*, Presse Universitaire de Lyon, Lyon, 2000, p. 17

GRAWITZ Madeleine, *Méthodes des sciences sociales,* Paris, 11ª edição, Dalloz, 2001,

p.53.

OLIVIER Laurence, BEDARD Guy e FERRON Julie, *L'élaboration d'une problématique de recherche : sources, outils et méthodes*. L'Harmattan, Logique sociale, 2005, p. 28.

QUIVY Raymond, Van CAMPENHOUDT Luc, *Manuel de recherche en sciences sociales*, Paris, Dunod, 2.ª ed., 1995, pp. 98-100.

B. Publicações especializadas

BATTISTELLADario, PETITEVILLE Franck e VENNESSON Pascal, *Dictionnaire des relations internationales*, 3ª edição, Dalloz

BERGER P., LUCKMANN Th., *The Social Construction of Reality*, Nova Iorque, Anchor, 1966

CRANE D. (ed.), *The Sociology of Culture*, Oxford, Blackwell, 1994, pp. 117-153.

CRONIN Bruce, *Community under anarchy. Transnational identity and the evolution of cooperation*, Nova Iorque, Columbia University Press, 1999.

CHARILLON Frédéric (dir.), *Politique étrangère nouveaux regards*, Paris, Presses de Sciences po, 2006, p.13

DEVIN Guillaume, *Sociologia das relações internacionais*, Collections Repères n°335, março de 2018, 128p

DEUTSCH Karl,*SeminaronA comunidade política e o Atlântico Norte: a organização internacional à luz da experiência histórica*,1957.

DIAMOND Louise e MACDONALD John, *Multi-track Diplomacy, A system approach to peace*, Kumarian Press, 3ª edição, 1993, 182p.

DOBBIN F., *Forging Industrial Policy*, Cambridge, Cambridge University Press, 1994.

FLIGSTEIN N., *The Transformation of Corporate Control*, Cambridge, Harvard University Press, 1990

GRAWITZ Madeleine, LECA Jean e THOENIG Jean Claude, *Les Politiques publiques*, Tome 4, Paris, PUF, 1985

GRAY John, *False Dawn: The Delusions of Global Capitalism*, Londres e Nova Iorque, Granta Books e New Press, 1998, p. 120.

JONES Charles O., *An introduction to the study of public policy*, Belmont (Califórnia), Duxbury Press, 1970

KAUL, INGE, GRUNBERG Isabelle e STERN Marc, *Les biens publics mondiaux : La coopération internationale au XXIe siècle,* Paris, Economica, 2002

KLÜBER Daniel e de MAILLARD Jacques ,*Analyser les politiques publiques*, Coleção Politique en plus, Presses universitaires de Grenoble, p. 8.

LASSWELL Harold, *Who gets what, when and how*, Cleveland (Ohio), Meridian Books, 1936.

LATOUCHE Serges (ed.), *L'économie dévoilée. Du budget familial aux contraintes planétaires*, Paris, Les Éditions Autrement, coll. Mutations, n° 159, 1995, p. 190-195.

LOWI Theodore, *The End of Liberalism*, Nova Iorque, N. Y., Norton, 1969.

LUTZ George e LINDER Wolf, *Structures traditionnelles dans la gouvernance locale pour le développement local,* Universidade de Berna, Instituto de Ciência Política, Suíça, 2004.

MENY Yves e THOENIG Jean-Claude, *Politiques publiques*, Paris, PUF, 1989

MEPUI ABAH Landry, *Dynamiques des politiques décentralisées au Cameroun, Analyse des enjeux et défis sociopolitiques économiques et culturels, L'Harmattan,* Paris, 2012, 115p.

MEYER J.W., SCOTT W.R., *Organizational Environments. Ritual and Rationality*, Beverly Hills, Sage, 1983.

MULLER Pierre, *Les Politiques publiques*, Paris, PUF, Coll. "Que sais-je", 2009, 8ª ed.

PAQUIN Stéphane, BERNIER Luc e LACHAPELLE Guy (eds.*)*, *L'analyse des politiques publiques*, Les Presses de l'Université de Montréal, 2010, p. 8.

PETERS Guy, *American Public Policy*, Basingstoke, Mac Millan, 1986

POWELL.W, DIMAGGIO P. (eds), *The New Institutionalism in Organizational Analysis*, Chicago, University of Chicago Press, 1991, pp. 1-40.

SACHS W. e GUSTAVO E., *Des ruines du développement*, Montréal, Écosociété, 1996, 138 p

SCOTT Jervis, *Realism, Neoliberalism and cooperation understanding the debate in International Security,* 24(1), 1999, p. 42 - 63

SCOTT W. R., MEYER J.W. et al, *Institutional Environments and Organizations*, Thousand Oaks, Sage, 1994, capítulos 11 e 12.

SOYSAL Y., *Limits of Citizenship*, Chicago, University of Chicago Press, 1994.

C. Artigos

AMOUGOU Thierry, Le Nouveau Paradigme de la Coopération au Développement (NPCD), Quels enjeux pour le développement des pays partenaires, in *Economie et Solidarités*, Volume 40(n°1-2), p. 63-83.

GONTCHAROFF George, Le développement local : petite généalogie historique et conceptuelle, in *Territoires*, Octobres 2002, p. 1-3.

HECLO Hugh, "Issue Network and The Executive Establishment" in Anthong King (ed.), *The New American Political System*, Washington DC, American Enterprise Institute, 1978

HOCKING Brian, Catalytic Diplomacy: Beyond 'Newness' and 'Decline', in *Inovação na prática diplomática*, p.21-42

HUSSON Bernard, le développement local, in *Agridoc n°1*, disponível em : www.resacoop.org

LAKE David A., "British and American Hegemony Compared", *em* Jeffrey A. Frieden e David A. Lake, *International Political Economy. Perspectives on Global Power andWealth*, Londres e Nova Iorque, Routledge, 1997, p. 129.

MEARSHEIMER John J., "The False Promise of International Institutions", *em International Security* 19-3 Winter 1994-1995, p. 5-49.

MEBENGA Mathieu, "La fiscalité dans la gouvernance décentralisée au Cameroun", in *Enjeux*, n° 45-46, julho de 2012, p. 17

PEKASSA NDAM Gérard, "La place de l'administration dans les politiques de décentralisation et de la gouvernance locale au Cameroun", in *Enjeux*, n° 45-46, julho de 2012, p. 14

RUGGIE John Gerard, "Multilateralism: The Anatomy of an Institution", *in* John G. Ruggie, editor, *Multilateralism Matters: The Theory and Praxis of an InternationalForm*, Nova Iorque, Columbia University Press, p. 3.

SAME EKOBO Muriel e IYEBI MANDJEK Olivier, "Gouvernance territoriale et action publique ai Cameroun", in *Enjeux*, n°45-46, julho de 2012, p. 9

SCOTT Jervis, Realism, game theories and cooperation, in *Worlds Politics*, XL (3), 1988, p. 317-349

STEIN Janice, "l'analyse de la politique étrangère : à la recherche de groupes de variables dépendantes et indépendantes", in *Etudes Internationales*, Vol II, N°3, 1971, p. 373;

TOUNA MAMA Ernest, "Qu'est ce que la mondialisation", in *La mondialisation et l'économie camerounaise,* Yaoundé, Saagraph e Fundação Friedrich Ebert, 1998.

D. Trabalho científico

➢ Teses

NGONO TSIMI Landry, *L'autonomie administrative et financière des collectivités territoriales et décentralisées : l'exemple du Cameroun*, tese de doutoramento defendida na Universidade de Paris-Est, 2010, p. 32

➢ Memórias

BETANCUR RAMIREZ Santiago, *Quel rôle pour les gouvernements locaux sur la scène internationale? L'action internationale des collectivités locales entre la France et l'Amérique latine,* dissertação defendida publicamente para o Mestrado II em Assuntos Públicos, ENA, Paris, 2018, 171p.

PEGUI Yannick Félix, *Décentralisation et fonctionnement des Communes au Cameroun. Cas de la Commune d'Arrondissement de Yaounde II*, dissertação defendida publicamente para a atribuição de um Master II em Economia, Universidade de Yaoundé II, Yaoundé, 2012.

E. Relatórios e documentos oficiais

Município do Arrondissement de Yaoundé II, *documento de apresentação oficial*, dezembro de 2020

República dos Camarões, *Constituição de 18 de janeiro de 1996.*

F. Cursos e aulas

NGONO TSIMI Landry- Cours de *Collectivités locales, décentralisation et droit de la coopérationdécentralisée au Cameroun*, Master "Coopération internationale, Action humanitaire et Développementdurable", Yaoundé, Institut des Relations internationales du Cameroun: 2015,

G. Sítios Web

AUTON Yves, "Etudes internet et développement local, première partie : le développement local", 2000, disponível em: www.admiroutes.asso.fr.

HUSSON Bernard, "La coopération Décentralisée: légitimer un espace publique local au Sud et à l'Est", 2000, disponível em www.capcoopération.org, data da última consulta 13 de junho de 2020.

www.pndp.org visitado em 24 de janeiro de 2021 entre as 17 e as 18 horas.

ÍNDICE DE CONTEÚDOS

Printed by Books on Demand GmbH, Norderstedt / Germany